Bibliografische Information der Deutschen Nationalbibliothek:

Die Deutsche Bibliothek verzeichnet diese Publikation in der Deutschen Nationalbibliografie; detaillierte bibliografische Daten sind im Internet über http://dnb.d-nb.de/ abrufbar.

Impressum:

Druck und Bindung: Books on Demand GmbH, Norderstedt Germany
ISBN: 9783668374171

Dieses Buch bei GRIN:

http://www.grin.com/de/e-book/350035/15-deoxy-delta-12-14-prostaglandin-j2-als-modulator-der-makrophagenfunktion

Tamara Zapf

15-Deoxy-Delta(12,14)-Prostaglandin J2 als Modulator der Makrophagenfunktion

GRIN Verlag

Friedrich-Schiller-Universität Jena
Biologisch-Pharmazeutische Fakultät
Institut für Ernährungswissenschaften

Lehrbereich Biochemie der Ernährung

15-Deoxy-$\Delta^{12,14}$-prostaglandin J_2 als Modulator der Makrophagenfunktion

Bachelorarbeit

zur Erlangung des Grades eines Bachelor of Science
im Studiengang Ernährungswissenschaften
(B.Sc.)

vorgelegt von
Tamara Zapf
Jena, im Juni 2015

Inhaltsverzeichnis

II Abbildungsverzeichnis

III Abkürzungsverzeichnis

ABCA1	*ATP Binding Cassette Transporter A1*
ABCG1	*ATP Binding Cassette Transporter G1*
ACAT-1	*Acyl-CoA Acyltransferase 1*
CCR2	*C-C Chemokine Receptor Type 2*
CBP	*CREB-binding Protein* (CBP)
eNOS	endothelialen Stickstoffmonoxid-Synthase
ERK	*Extracellular Signal-regulated Kinase*
IL	Interleukin
iNOS	induzierbare Stickstoffmonoxid-Synthase
LDL	*Low Density Lipoprotein*
LPS	Lipopolysaccharid
MAPK	Mitogen-aktivierte Proteinkinase
MCP-1	*Monocyte Chemoattractant Protein-1*
M-CSF	*Macrophage colony stimulating factor*
MEK	MAPK/ERK Kinase
MMP	Matrix-Metalloprotease
NFAT	*Nuclear factor of activated T-cells*
NF-κB	*Nuclear Factor 'kappa-light-chain-enhancer' of activated B-cells*
oxLDL	*oxidiertes Low Density Lipoprotein*
PMA	Phorbol-12-myristat-13-acetat
PPARγ	*Peroxisome Proliferator-activated Receptor γ*
PPRE	*PPAR-response elements*
PG	Prostaglandin
RXR	*Retinoid X Receptor*
STAT	*Signal Transducer and Activator of Transcription*
TNF-α	Tumornekrosefaktor-α
15d-PGJ_2	15-Deoxy-$\Delta^{12,14}$-Prostaglandin J_2

1 Einführung in die Thematik und Fragestellung

Nach Angabe der *World Health Organization* starben im Jahr 2012 weltweit schätzungsweise 17,5 Millionen Menschen an den Folgen kardiovaskulärer Erkrankungen. Mit einem Anteil von 31 Prozent aller Todesfälle weltweit stellen kardiovaskuläre Erkrankungen somit die Todesursache Nummer Eins dar, wobei insbesondere Schlaganfälle und koronare Herzerkrankungen die Statistik mit 6,7 Millionen und 7,4 Millionen Todesfällen anführen (1). Eine der primären Ursachen, die dem Schlaganfall und der koronaren Herzerkrankung zugrunde liegt, ist die sogenannte Wohlstandserkrankung Atherosklerose – eine variable Kombination von Veränderungen der Arterienintima, die mit einer lokalen Anhäufung von Lipiden, von komplexen Kohlenhydraten, von Blut und Blutbestandteilen, ferner mit der Bildung eines fibrösen Gewebes und mit Kalkablagerungen einhergeht sowie mit Veränderungen der Media verbunden sein kann (Definition WHO 1958). Davon betroffen sind hauptsächlich große und mittelgroße Arterien, insbesondere die Aorta, die Oberschenkelarterien, Beckenarterien, Hirnarterien und Koronararterien (2).

Nach GLOMSETs und ROSS' *response-to-injury*-Hypothese ist die Schädigung des Endothels oder eine endotheliale Dysfunktion initiales Ereignis der Atherosklerose-Entstehung (2). Diese kann durch eine genetische Prädisposition sowie durch Risikofaktoren wie Rauchen, körperliche Inaktivität, Adipositas, Diabetes, Bluthochdruck und erhöhte Blutfettwerte verursacht werden (3). Einhergehend mit einer Erhöhung der Endothelpermeabilität hat die endotheliale Dysfunktion einen Anstieg reaktiver Sauerstoffspezies, daraufhin eine gesteigerte Expression von Adhäsionsmolekülen auf den Endothelzellen, die Anlockung von Immunzellen wie Monozyten und T-Zellen sowie weitere Endothelzell-Apoptose zur Folge (4, 5). Der Adhäsion der Monozyten an die erhöht exprimierten Adhäsionsmoleküle folgt die Monozyten-Migration in die Intima, welche stimuliert wird durch die gesteigerte Expression von Chemokinen sowie durch die ungehinderte Einwanderung von *Low Density Lipoproteins* (LDL) durch das permeabilisierte Endothel. Als Folge des Anstiegs an reaktiven Sauerstoffspezies wird ein Großteil der LDL-Partikel zu oxidiertem LDL (oxLDL) modifiziert. Infolgedessen werden weitere Monozyten angelockt (6). Im subendothelialen Raum angekommen differenzieren die Monozyten zu Makrophagen, welche anschließend das oxLDL erkennen und phagozytieren (7). Durch die Aufnahme enormer Mengen an oxLDL und deren Akkumulation entstehen aus den Makrophagen sogenannte Schaumzellen, die in T-Zellen Antigenreaktionen auslösen, welche die Immunantwort verstärken. Die Ansammlung der Schaumzellen in der Intima wird als Fettstreifen sichtbar und stellt die erste Stufe der Atherogenese dar (8).

Neben Immunzellen wandern glatte Muskelzellen aus der Media in die Intima ein, wo sie proliferieren und durch Aufnahme von oxLDL zur Schaumzellbildung beitragen. Des Weiteren sezernieren sie extrazelluläre Matrixproteine, die zur Ausbildung einer fibrösen Kappe führen und der frühen Läsion Stabilität verleihen. Die Migration der glatten Muskelzellen markiert den Übergang vom einfachen Fettstreifen zu einer komplexeren atherosklerotischen Läsion, welche gekennzeichnet ist von Interaktionen zwischen Monozyten, Makrophagen und T-Zellen und einer Reihe humoraler und zellulärer Immunreaktionen, die allmählich zu einem chronischen Entzündungsstatus führen (7). Im weiteren Verlauf der Atherogenese sind die Schaumzellen durch Aufnahme immer größerer Mengen an oxLDL nach einiger Zeit so überlastet, dass sie in Apoptose gehen. Infolgedessen werden eingelagerte Lipide freigesetzt, und es bildet sich ein nekrotischer Lipidkern im subendothelialen Raum unter der fibrösen Kappe, wodurch die atherosklerotische Läsion immer größer wird und das Gefäßvolumen mehr und mehr einengt (9). Dies kann zwar zu einer partiellen Minderdurchblutung führen, jedoch werden akute kardiovaskuläre Ereignisse, die beispielsweise zu Schlaganfall und Myokardinfarkt führen, erst durch die Plaqueruptur ausgelöst. Dabei spielen mehrere auslösende Faktoren eine Rolle: Makrophagen, die sich in der Schulterregion der fibrösen Kappe befinden, sezernieren Matrix-Metalloproteasen, welche extrazelluläre Matrix abbauen und somit die fibröse Kappe in dieser Region ausdünnen (10). Dadurch wird die atherosklerotische Läsion fortwährend instabiler. Einhergehend mit der Ausdünnung der fibrösen Kappe entsteht eine erhöhte prokoagulatorische Aktivität, die gekennzeichnet ist durch die vermehrte Expression von Gewebethromboplastin (11, 12). Nach LEE & LIBBY sind Plaquerupturen, welche akute kardiovaskuläre Ereignisse nach sich ziehen, neben ausgedünnten fibrösen Kappen und einer Anhäufung von lipidreichen Makrophagen in der Schulterregion, außerdem assoziiert mit großen nekrotischen Lipidkernen (10). All dies scheint die Plaquestabilität negativ zu beeinflussen und führt dazu, dass die atherosklerotische Läsion verletzlich wird und schlussendlich aufreißt. Kommt es zu einer Plaqueruptur, werden Plaquelipide und Gewebsfaktoren für Blutzellen frei zugänglich, was zur Einleitung der Blutgerinnungskaskade führt: Thrombozyten adhärieren und bilden einen Thrombus an der Stelle der Ruptur. Löst sich dieser und wird vom Blutstrom weitertransportiert, kann er an anderer Stelle zu einem Arterienverschluss führen, welcher den Ausfall der Blutversorgung von verschiedenen Organen und Geweben zur Folge hat. Je nach betroffener Arterie kann es zu einem Myokardinfarkt, zu einem Schlaganfall, zu einer Lungenembolie oder zu Gangränen kommen (7).

Demnach ist es der Plaquestabilität geschuldet, dass frühe Stadien der Atherosklerose jahrelang asymptomatisch verlaufen. Erst die andauernde Rekrutierung von Immunzellen, das Ausbleiben des Rückzuges dieser aus den frühen Läsionen und die mangelnde Phagozytose apoptotischer Zellen führen zu einer Reihe humoraler und zellulärer Immunreaktionen und schließlich zu einem chronischen Entzündungsstatus der Arterienwand (7, 10, 13). Infolgedessen schreitet die Atherosklerose wie beschrieben immer weiter voran bis schließlich hoch entzündete, nekrotische und instabile Läsionen entstehen, welche die unmittelbare Vorstufe für kardiovaskuläre Vorfälle darstellen (14).

Bei Betrachtung der einzelnen Schritte der Atherogenese wird deutlich, dass Makrophagen eine zentrale Rolle beim Fortschreiten der Atherosklerose einnehmen. Aus diesem Grund sind sie seit Jahrzehnten Forschungsgegenstand und stellen ein attraktives Ziel für die Entwicklung neuer Medikamente zur Eindämmung des Fortschreitens der Atherosklerose und zur Verhinderung kardiovaskulärer Ereignisse dar. Als Modulatoren des Lipidmetabolismus und der Immunantwort bieten sie verschiedene Angriffspunkte für therapeutische Interventionen (7): Neben molekularen Mechanismen, welche die Expression von Genen, die an der Lipidhomöostase in Makrophagen und an der Schaumzellbildung beteiligt sind, regulieren, sind vor allem Genregulationsmechanismen, welche die Expression verschiedener proinflammatorischer Moleküle beeinflussen, ins Interesse von Arbeitsgruppen aus aller Welt gerückt (15). Ein Molekül, welches in Makrophagen sowohl Einfluss auf die Expression von an der Schaumzellbildung beteiligten Proteinen als auch auf die Expression von inflammatorischen Molekülen, welche zur Etablierung eines chronischen Entzündungsstatus führen, hat, ist das Prostaglandin 15-Deoxy-$\Delta^{12,14}$-prostaglandin J_2 (15d-PGJ_2).

Ziel dieser Arbeit soll es sein, anhand einschlägiger Literatur zu analysieren ob, wie und in welchem Ausmaß 15d-PGJ_2 die Funktion der Makrophagen beim Prozess der Atherogenese moduliert und welche Folgen dies für das Fortschreiten der Atherosklerose hat. Der Schwerpunkt liegt hierbei auf der direkten und indirekten Beeinflussung verschiedener Genregulationsmechanismen und Signalwege durch 15d-PGJ_2 in Makrophagen sowie Monozyten und deren Folgen für die Lipidhomöostase und die Sekretion inflammatorischer Moleküle.

2 Der Makrophage: Hauptakteur der Atherogenese

Wie bereits im vorangegangenen Kapitel angedeutet nehmen Monozyten und vor allem die daraus differenzierten Makrophagen eine besondere Stellung in der Atherogenese ein. Monozyten gehören zur Familie der Leukozyten und sind frei bewegliche Phagozyten des unspezifischen Immunsystems, die infolge eines lokalen Stimulus vom Blutstrom in das jeweilige Gewebe transportiert werden und dort dann zu gewebsspezifischen Makrophagen ausdifferenzieren (16).

Es gibt eine Reihe von verschiedenen Makrophagen, welche sich aufgrund unterschiedlicher Aktivierungszustände voneinander abgrenzen. In einem vereinfachten Modell werden zwei Makrophagen-Phänotypen unterschieden: den alternativ aktivierten M2-Makrophagen, der hauptsächlich eine gewebeaufbauende Wirkung hat und antiinflammatorische Zytokine ausschüttet, und den klassisch aktivierten M1-Makrophagen, welcher vorwiegend degradierende und lytische Eigenschaften besitzt (13, 17). Letzterer zeigt erhöhte Phagozytose-Aktivität und Apoptoseinduktion und sezerniert sowohl proinflammatorische Moleküle wie beispielsweise den Tumornekrosefaktor-α (TNF-α) und die Interleukine (IL) 6 und 12 als auch MMPs (Matrix-Metalloprotease) (13, 16, 17). Während die Aktivierung zum M1-Makrophagen von Zytokinen der Typ-1-T-Helferzelle wie dem Interferon-γ und dem IL-1β ausgelöst wird, fördern Zytokine der Typ-2-T-Helferzelle wie IL-4 und IL-13 die Differenzierung zum M2-Makrophagen (13, 16, 17).

Am Bestimmungsort angekommen und ausdifferenziert erfüllen Makrophagen eine Reihe diverser Aufgaben sowohl bei Inflammationsprozessen – zum Beispiel die Erkennung und Vernichtung von Pathogenen, die Aktivierung des spezifischen Immunsystems und die Antigenpräsentation – als auch in der Gewebshomöostase und -remodulierung (16). Ihre ursprüngliche protektive Rolle bei Immunreaktionen ist im Krankheitsbild der Atherosklerose nachteilig verändert (18).

Die folgenden Kapitel setzen sich mit der Rolle der Makrophagen bei der Atherogenese auseinander und liefern einen Überblick über die wesentlichen Vorgänge, an denen Makrophagen maßgeblich beteiligt sind und welche zur Manifestierung der Atherosklerose führen.

2.1 Beteiligung an der Bildung früher Läsionen: Schaumzellbildung

Auslösend für die Monozytenadhäsion und -migration einhergehend mit der T-Zelleinwanderung am Ort der Plaqueentstehung ist eine inflammatorische Reaktion. Diese ist die Folge einer endothelialen Dysfunktion und wird durch entstandene Zelltrümmer der in Apoptose gegangenen Endothelzellen, durch die von den aktivierten Endothelzellen sekretierten inflammatorischen Moleküle sowie durch das in die subendotheliale Schicht eingewanderte und dort akkumulierte LDL hervorgerufen (19).

In der Intima angekommen differenzieren die Monozyten zu Makrophagen, welche daraufhin eine Reihe von Funktionen in der entstehenden Läsion erfüllen. Zum einen verstärken sie die Inflammation, indem sie verschiedene Zytokine und Chemokine sezernieren, was den Nebeneffekt einer andauernden Einwanderung von Monozyten und T-Zellen in die Läsion hat (20). Zum anderen nehmen sie in der Intima akkumuliertes und modifiziertes LDL auf und fördern auf diese Weise die Schaumzellbildung (18).

Über die Familie der Scavenger-Rezeptoren erkennen Makrophagen modifiziertes LDL – neben enzymatisch verändertem LDL hauptsächlich oxLDL – und nehmen unkontrolliert erhebliche Mengen davon auf, da diese Art der LDL-Aufnahme anders als beispielsweise die Aufnahme über LDL-Rezeptoren keinem negativem Rückkopplungsmechanismus unterliegt (7, 18). Es existieren unterschiedliche Klassen der *Scavenger-Rezeptoren*, wobei jedoch die der Klasse A und B bei der Aufnahme von oxLDL quantitativ die größte Rolle spielen. Ein wichtiger Vertreter der Klasse A ist der *Scavenger-Rezeptor A*, wohingegen CD36 die Klasse B vertritt (21). Das aufgenommene, modifizierte LDL wird in Lysosomen des Makrophagen abgebaut, sodass Cholesterin freigesetzt wird. Letzteres wird dann über reversen Cholesterintransport, welcher vom *High Density Lipoprotein* vermittelt wird, über die *ATP Binding Cassette Transporter A1* und *G1* (ABCA1, ABCG1) aus dem Makrophagen transportiert oder im Endoplasmatischen Retikulum über die *Acyl-CoA Acyltranferase 1* (ACAT-1) zu Cholesterinestern verestert (22). Zusammen mit Triglyceriden werden die Cholesterinester dann in Form von Lipidtropfen im Zytosol der Makrophagen gespeichert.

Die Atherogenese ist durch eine Störung der Lipidaufnahme und -abgabe gekennzeichnet: Durch die unkontrollierte Aufnahme von modifiziertem LDL durch Scavenger-Rezeptoren beziehungsweise durch eine verminderte Abgabe übersteigt die Aufnahme die Abgabe signifikant, wodurch Makrophagen entstehen, in denen erhebliche Mengen an Lipiden in Form von Lipidtropfen akkumulieren. Dies verleiht ihnen eine schaumartige Gestalt, weshalb von sogenannten Schaumzellen gesprochen wird. Sie stellen die Brücke zwischen Immunreaktionen des angeborenen und des erlernten Immunsystems in atherosklerotischen Läsionen dar und bilden die sogenannten Fettstreifen, die frühe atherosklerotische Läsionen kennzeichnet (19).

Das Ungleichgewicht der Aufnahme und Abgabe von Lipiden wird von einer Reihe von Zytokinen, die in atherosklerotischen Läsionen ausgeschüttet werden, verursacht (18) (Abbildung 1). In einigen Untersuchungen wurde die unterstützende Wirkung von Interferon-γ auf die Schaumzellbildung nachgewiesen: Es erhöht zum einen die Aufnahme von oxLDL durch Erhöhung der Genexpression des *Scavenger-Rezeptor A* und vermindert zum anderen die Cholesterinabgabe durch Inhibierung von ABCA1. Außerdem fördert es die Speicherung von Cholesterinestern in Lipidtropfen durch eine erhöhte Aktivität der ACAT-1 *(18, 23)*. Ähnliche Ergebnisse haben Untersuchungen zur Wirkung von TNF-α bei der Atherogenese ergeben: Genau wie Interferon-γ erhöht es die Einlagerung von Cholesterinestern in Lipidtropfen durch erhöhte Expression von ACAT-1 und verminderte

ABCG1- und ABCA1-Expression (24). Weitere Zytokine, welche die Schaumzellbildung stimulieren, sind beispielsweise IL-1β, IL-8 und Interferon-α (18, 25, 26).

Nach einiger Zeit nehmen Schaumzellen kein weiteres modifiziertes LDL mehr auf, sondern gehen in Apoptose, wodurch sich durch die darauffolgende Freisetzung der Lipide der nekrotische Lipidkern ausbildet. Der genaue Mechanismus ist noch ungeklärt, jedoch wird eine Beteiligung von oxLDL, von modifizierter Zell-Zell-Interaktion und von sich in der Läsion befindlichen proapoptotischen Molekülen, wie beispielsweise die Zytokine TNF-α und IL-8 vermutet (7).

2.2 Beteiligung am Fortschreiten der Atherogenese: Entstehung hochentzündeter und instabiler Plaques

Die Mehrheit atherosklerotischer Läsionen ist stabil, ohne dass die Gefahr einer Plaqueruptur und eines kardiovaskulären Vorfalls besteht. Dabei handelt es sich um frühe atherosklerotische Läsionen, deren Entstehung im vorangegangenen Kapitel thematisiert wurde (13, 27). Die Entwicklung hochentzündeter und instabiler Läsionen, welche die unmittelbare Vorstufe für kardiovaskuläre Ereignisse darstellen, ist Folge einer Reihe von Ereignissen, an denen Makrophagen maßgeblich beteiligt sind und welche zum Scheitern des Abklingens der Entzündung im Endothel führen. Kommt es zu einem Ungleichgewicht zwischen in die Läsion einwandernder Monozyten und die Läsion verlassender Makrophagen, fördert dies die Etablierung eines übersteigerten und chronischen Entzündungsstatus sowie eine fortschreitende Instabilität (13): Die anhaltende Rekrutierung von Monozyten und der verminderte Austritt von Makrophagen aus der Läsion hat zum einen eine gesteigerte Produktion von Zytokinen und weiteren inflammatorischen Molekülen und zum anderen einen Anstieg an MMPs zur Folge und erhöht so das Risiko einer Plaqueruptur. Weiterhin ist eine Verschiebung des Verhältnisses vom antiinflammatorisch wirkenden M2-Makrophagen zum proinflammatorisch wirkenden M1-Makrophagen zugunsten letzterem denkbar (17). Im Folgenden werden einzelne von Monozyten beziehungsweise Makrophagen sezernierte inflammatorische Moleküle vorgestellt und die Zusammenhänge derer Wirkungen erläutert, welche letztendlich zur Etablierung des Krankheitsbildes der Atherosklerose führen.

Es gibt eine Reihe an von Makrophagen sezernierten inflammatorischen Molekülen, welche die Entstehung eines chronischen Entzündungsstatus fördern (Abbildung 1). Vor allem Zytokine sind es, welche eine Vielfalt an proinflammatorischen Wirkungen entfalten. Allen voran spielt dabei IL-6 eine entscheidende Rolle, da es als Regulator und Koordinator nachgeschalteter Entzündungsreaktionen fungiert. IL-6 hat eine Vielzahl an Funktionen auf allen Stufen der Atherogenese. Zu diesen gehören unter anderem die Steigerung der koagulatorischen Aktivität, die Aktivierung von Endothelzellen sowie die Einleitung von Akut-Phase-Reaktionen – Reaktionen des unspezifischen Immunsystems. Des Weiteren koordiniert IL-6 den Einstrom von Immunzellen in die Läsion. Auf diese Weise fördert IL-6 die Entstehung sowie Progression des Krankheitsbildes der Atherosklerose (28).

Ein weiteres proinflammatorisches Zytokin ist IL-12 – der Initiator der T-Helferzell-vermittelten Immunreaktion, welcher die Aktivierung und Funktion einer Reihe von Immunzellen wie beispielsweise Monozyten und Makrophagen fördert. Dem gegenüber steht dessen Gegenspieler IL-10. Dieses Zytokin hat eine begrenzende und hemmende Wirkung auf die T-Helferzell-vermittelte Immunabwehr und schützt auf diese Weise vor übersteigerten Immunreaktionen (29). Es fördert die Inhibierung proinflammatorischer Signalwege und sorgt auf diese Weise für eine verminderte Sekretion proinflammatorischer Zytokine wie beispielsweise IL-12, IL-1, TNFα und IL-6 (30).

Als Reaktion auf proinflammatorische Moleküle wie IL-1β und TNF-α, welche ebenso unter anderem von Makrophagen in der atherosklerotischen Läsion sezerniert werden, exprimieren Makrophagen große Mengen an induzierbarer Stickstoffmonoxid-Synthase (iNOS). Die iNOS-Expression ist bereits ab der frühen Phase der Atherogenese – der Fettstreifenbildung – zu beobachten und nimmt mit steigenden Zytokin-Spiegeln und mit der Manifestierung des chronischen Entzündungsstatus stetig zu (31). Sie dient der Kompensation des Funktionsverlustes der endothelialen Stickstoffmonoxid-Synthase (eNOS), welche durch die Schädigung der Endothelzellen bei der Entstehung der endothelialen Dysfunktion bedingt ist. Durch die Synthese enormer Mengen an Stickstoffmonoxid als Folge einer übersteigerten iNOS-Expression kehrt sich dessen ursprüngliche atheroprotektive Funktion um. Die chronische Überproduktion von Stickstoffmonoxid führt dazu, dass dieses mit reaktiven Sauerstoffspezies, welche im inflammatorischen Umfeld der fortschreitenden atherosklerotischen Läsion reichlich vorkommen, reagiert. Es entsteht das potente Oxidans Peroxynitrit, welches Lipide und Proteine oxidativ schädigt. Demnach trägt eine chronische Überproduktion von NO fortwährend zur Manifestierung der Atherosklerose durch Gewebeschädigung und darauffolgende Entzündungsförderung bei (32).

Darüber hinaus stimulieren IL-1β und TNF-α die Expression des Chemokins *Monocyte Chemoattractant Protein-1* (MCP-1) durch Monozyten und Endothelzellen. MCP-1 wirkt chemotaktisch und verstärkt die Rekrutierung weiterer Monozyten zur betroffenen Stelle der Arterienwand, welche das bereits erwähnte Ungleichgewicht zwischen Ein- und Austritt zur Folge hat. Zusätzlich zur Expressionsstimulation von MCP-1 fördern IL-1β und TNF-α die Expression dessen Rezeptors *C-C Chemokine Receptor Type 2* (CCR2) und gewährleisten somit die gesteigerte Adhäsion und den Eintritt von Monozyten in die Läsion (33).

Nach Differenzierung sezernieren Makrophagen, die sich in der Schulterregion der fibrösen Kappe befinden, MMPs – vorwiegend MMP-9, auch bekannt als Gelatinase B (34). Diese baut extrazelluläre Matrix ab und dünnt somit die fibröse Kappe in dieser Region aus, wodurch der atherosklerotische Plaque fortschreitend instabiler wird (10). Die Sekretion von MMP-9 kann durch eine Reihe inflammatorischer Zytokine wie beispielsweise Interleukin 1 und TNF-α verstärkt werden (10).

Da neben ausgedünnten fibrösen Kappen auch große nekrotische Lipidkerne mit einer Plaqueruptur assoziiert sind, kommt außerdem IL-8 eine wichtige Rolle bei der Atherogenese zu (10). Das multifunktionelle Chemokin wirkt nicht nur chemotaktisch auf glatte

Muskelzellen, Endothelzellen und Immunzellen wie beispielsweise Monozyten, sondern fördert außerdem die Bildung von Schaumzellen sowie deren Apoptose und auf diese Weise die Ausbildung eines nekrotischen Lipidkerns (35).

Zusammen mit MMPs und IL-8 ist das Gewebethromboplastin aufgrund dessen prokoagulatorischer Aktivität am Fortschreiten der Plaqueinstabilität maßgeblich beteiligt. Der Initiator der extrinsischen Blutgerinnungskaskade wird in atherosklerotischen Läsionen von Monozyten, Makrophagen, glatten Muskelzellen und Endothelzellen vermehrt exprimiert. Dies wird unter anderem von IL-6 gefördert (28). Kommt es zur Plaqueruptur, fördert das Gewebethromboplastin die umgehende Thrombusbildung, welche die unmittelbare Vorstufe für ein kardiovaskuläres Ereignis darstellt (11, 12).

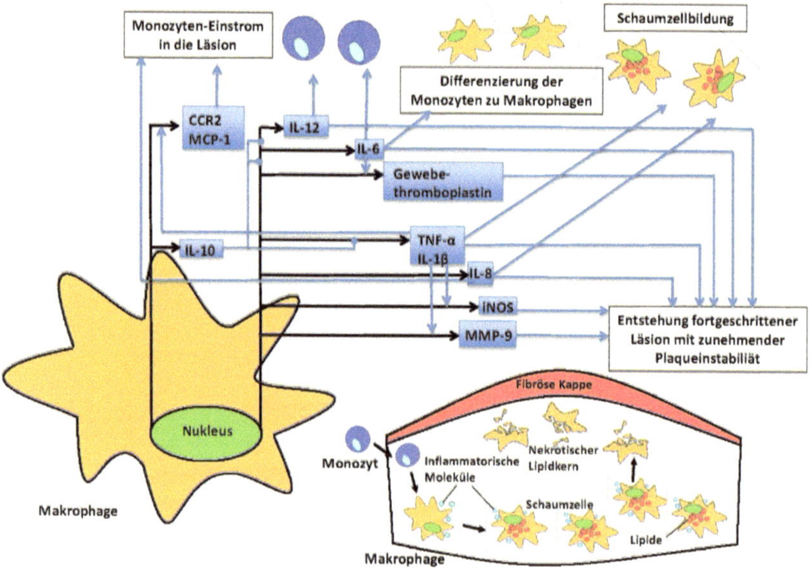

Abbildung 1: Überblick über die Expression inflammatorischer Moleküle und deren Einfluss auf die Atherogenese. Monozyten und daraus differenzierte Makrophagen sezernieren in atherosklerotischen Läsionen eine Vielzahl an inflammatorischen Molekülen, welche die Atherogenese sowohl positiv als auch negativ regulieren. Die kontinuierliche Einwanderung von Monozyten in die Läsion wird durch Expression des Chemokins MCP-1 und CCR2 sowie durch die Sekretion der proinflammatorischen Zytokine IL-1β, TNF-α, IL-6, IL-8 und IL-12 gefördert. In der Läsion angekommen, wird deren Differenzierung zu Makrophagen unter anderem von IL-6 induziert. Durch Förderung der Aufnahme von modifiziertem LDL in Makrophagen und dessen Akkumulation, tragen TNF-α, IL-1β und IL-8 maßgeblich zur Schaumzellbildung bei. Im weiteren Verlauf der Atherogenese verstärkt IL-6 die Expression von Gewebethromboplastin, dessen prokoagulatorische Aktivität zu zunehmender Plaqueinstabilität führt. Darüber hinaus koordiniert IL-6 nachgeschaltete

Entzündungsreaktionen und wirkt sich auf diese Weise fördernd auf die Progression der Atherosklerose aus. Neben Gewebethromboplastin verschlechtert die kontinuierliche Expression von MMP-9, welche verstärkt wird durch IL-1β und TNF-α, die Plaquestabilität signifikant, da es die fibröse Kappe durch Abbau von extrazellulärer Matrix stetig ausdünnt. Neben Gewebehtromboplastin und MMP-9 wirkt sich ebenso die Sekretion von IL-8 negativ auf die Plaquestabilität aus, da dessen proapoptotische Wirkung auf Schaumzellen die Entstehung großer nekrotischer Lipidkerne unterstützt, welche mit Plaqueinstabilität und Plaqueruptur assoziiert sind. Ein weiteres von Makrophagen produziertes Enzym ist iNOS, welches durch die Überproduktion von Stickstoffmonoxid und die daraus resultierende Reaktion mit reaktiven Sauerstoffspezies zur Gewebeschädigung und infolgedessen zur Steigerung der Immunreaktion führt. Die Expression von iNOS wird neben der Sekretion von MMP-9, CCR2 sowie MCP-1 ebenso von TNF-α und IL-1β gefördert, was dessen Bedeutung bei der Manifestierung des Krankheitsbildes der Atherosklerose verdeutlicht. Der Progression entgegen stellt sich IL-10 - der Gegenspieler von IL-12 - indem es die Expression von TNF-α, IL-1β, IL-6 sowie IL-12 hemmt (7, 10-12, 18, 24, 26, 28-35).

3 15d-PGJ$_2$: Ein Prostaglandin mit antiinflammatorischem Potenzial

Vor dem Hintergrund, dass die Atherosklerose eine der primären Ursachen von kardiovaskulären Erkrankungen ist und Makrophagen an deren Entstehung und Progression maßgeblich beteiligt sind, wird deutlich wie wichtig es ist, alle molekularen Mechanismen in Makrophagen zu erforschen. Dabei liegt ein Hauptaugenmerk darauf in eben diesen Mechanismen Angriffspunkte für neue Therapeutika zu finden. Im Zuge solcher Untersuchungen wurde das endogene Prostaglandin 15d-PGJ$_2$ als natürlicher Ligand des *Peroxisome Proliferator-activated Receptor* γ (PPARγ) identifiziert und kam infolgedessen ins Gespräch als Molekül mit antiinflammatorischem Potenzial. Im folgenden Kapitel erfolgt eine kurze Vorstellung von 15d-PGJ$_2$.

3.1 Prostaglandine

Prostaglandine gehören zur Gruppe der Autakoide. Sie werden aus der mehrfach ungesättigten Arachidonsäure synthetisiert, welche 20 Kohlenstoffatome enthält und über die Nahrung in den Körper gelangt und aus membranständigen Phospholipiden generiert wird (36). Diese sogenannten Eikosanoide sind in fast allen Geweben und Körperflüssigkeiten zu finden, werden jedoch lediglich in der Samenflüssigkeit gespeichert. Deren Produktion wird als Reaktion auf diverse Stimuli in Geweben, in welchen ihre Wirkung benötigt wird, angeregt. Am Wirkort entfalten sie eine Reihe von biologischen Effekten. So sind sie beispielsweise beteiligt an Inflammationsprozessen, am Tonus glatter Muskelzellen, an der Homöostase, am Geburtsvorgang, an der gastrointestinalen Sekretion und an der Thrombose-Entstehung (37). Einen bekannten und gut erforschten Vertreter der Prostaglandine stellt 15d-PGJ$_2$ dar.

3.2 15d-PGJ$_2$: Ein gut erforschtes Prostaglandin

1983 beschrieben FITZPATRICK und WYNALDA erstmals 15d-PGJ$_2$ als Abbauprodukt des Prostaglandins (PG) D$_2$ (38). Seit jener Zeit stieg das Interesse an diesem stetig. Heute ist es eines der meist erforschten Prostaglandine und einer der bekanntesten Vertreter der Familie der Prostaglandine.

Bisher wurde keine spezifische 15d-PGJ$_2$-Synthase entdeckt, weshalb davon ausgegangen wird, dass es sich bei 15d-PGJ$_2$ um ein Derivat des PGD$_2$ handelt (39). Die Synthese hängt demnach von der Enzymmaschinerie der PGD$_2$-Synthese ab. Diese beginnt mit einer Reihe von aufeinanderfolgenden Syntheseschritten, die von drei verschiedenen Enzymen katalysiert werden (Abbildung 2). Im ersten Schritt katalysiert die Phospholipase A$_2$ die hydrolytische Freisetzung der Arachidonsäure aus membranständigen Lipiden (40). Daraufhin folgt die Katalyse der oxidativen Konversion der Arachidonsäure zu PGH$_2$ durch die Cyclooxygenasen (COX) 1 und 2 (41). Dieses instabile Intermediat wird schließlich enzymatisch zu einer Reihe von biologisch aktiven Eikosanoiden konvertiert, darunter auch PGD_2. Die Konversion von PGH_2 zu PGD_2 wird katalysiert durch die PGD2-Synthase (42). Ausgehend von PGD_2 erfolgt schließlich die 15d-PGJ_2-Synthese. Eine erste Theorie ging davon aus, dass die Bildung von 15d-PGJ_2 und anderen Dehydratationsprodukten aus PGD_2 vom humanen Serumalbumin katalysiert wird (38). Dahingegen vermuteten SHIBATA et al., dass die Bildung von 15d-PGJ_2 in zwei Schritten erfolgt, die nicht abhängig von der Anwesenheit von Serumalbumin sind: Zunächst kommt es zu einer Serumalbumin-unabhängigen Dehydratationsreaktion von PGD_2 zu 15d-PGD_2 und PGJ_2. Daraufhin werden 15d-PGJ_2 und Δ^{12}-PGJ_2 aus PGJ_2 gebildet. Dies erfolgt in sowohl Serumalbumin-abhängigen – bei der Bildung von Δ^{12}-PGJ_2 – als auch Serumalbumin-unabhängigen Reaktionen – bei der Dehydratation zu 15d-PGJ_2 (43). Die Hypothese, dass die Synthese von 15d-PGJ_2 über die Zwischenstufe PGJ_2 verläuft wird von Forschungsergebnissen von HIRATA et al. gestützt (39). HIRATA et al. beschrieben einen hohen Anstieg von Δ^{12}-PGJ_2-Konzentrationen in Javaneraffen nach Applikation von PGD_2. Dies deutet auf die Bildung von PGJ_2 aus PGD_2 hin. Des Weiteren lieferte die Arbeitsgruppe einen Beweis für die *in vivo*-Synthese von PGJ_2 im Menschen, indem sie humanen Urin auf Δ^{12}-PGJ_2 untersuchten und signifikante Mengen detektieren konnten (39).

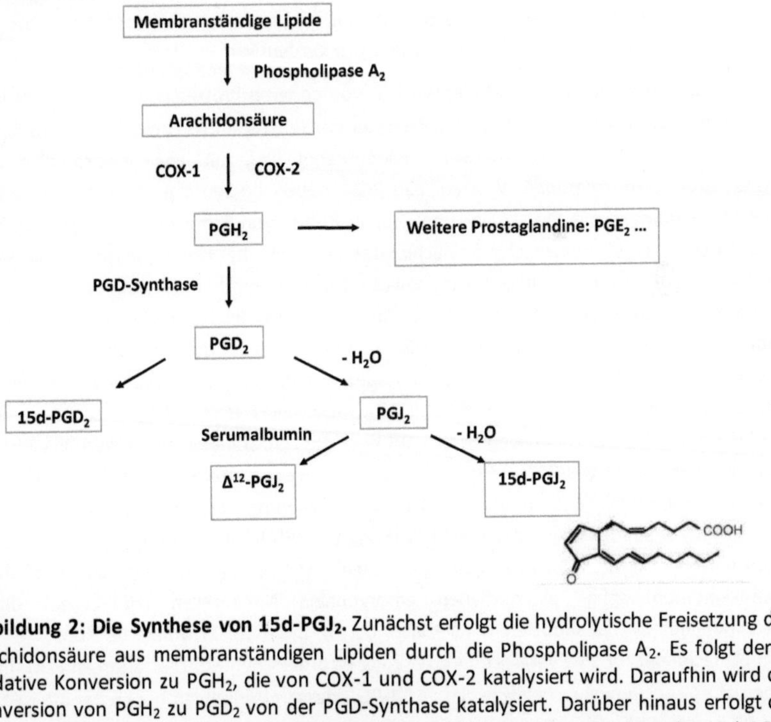

Abbildung 2: Die Synthese von 15d-PGJ_2. Zunächst erfolgt die hydrolytische Freisetzung der Arachidonsäure aus membranständigen Lipiden durch die Phospholipase A_2. Es folgt deren oxidative Konversion zu PGH_2, die von COX-1 und COX-2 katalysiert wird. Daraufhin wird die Konversion von PGH_2 zu PGD_2 von der PGD-Synthase katalysiert. Darüber hinaus erfolgt die enzymatische Bildung weiterer Prostaglandine aus PGH_2. Im nächsten Schritt der 15d-PGJ_2-Synthese kommt es zur Dehydratation von PGD_2 zu 15d-PGD_2 und PGJ_2. Daraufhin wird 15d-

PGJ_2 durch eine Dehydratation und Δ^{12}-PGJ_2 in einer Serumalbumin-unabhängigen Reaktion aus PGJ_2 gebildet (39, 41-43; modifiziert nach SCHER & PILLINGER (44)).

Der Umstand, dass die Synthese von PGJ_2 von PGD_2 abhängig ist, deutet daraufhin, dass die Bildung von PGJ_2-Abkömmlingen zeitversetzt zur Bildung anderer Prostaglandine wie beispielsweise dem proinflammatorischen PGE_2, das genau wie PGD_2 aus PGH_2 gebildet wird, stattfindet. Bei genauerer Betrachtung dieses Umstandes liegt die Vermutung nahe, dass 15d-PGJ_2 am Abklingen PGE_2-vermittelter Entzündungen beteiligt ist. Gestützt auf diese Hypothese untersuchten GILROY et al. in Ratten die Konzentrationen von COX-2, PGE_2, PGD_2 und 15d-PGJ_2 beim Einleiten und Abklingen von Entzündungen (45). Dabei konnten sie klare Konzentrationsbeziehungen in den einzelnen Entzündungsphasen erkennen: Während eine hohe Protein-Expression von COX-2 kurz nach der Einleitung der Entzündungsprozesse mit der maximalen Synthese von PGE_2 assoziiert war, sank die PGE_2-Konzentration nach dem Einleiten der Inflammation deutlich. Unabhängig von der PGE_2-Synthese kam es in der Phase des Abklingens erneut zu einer erhöhten Protein-Expression von COX-2, welche in diesem Fall mit hohen Konzentrationen an PGD_2 und 15d-PGJ_2 assoziiert war. Demnach wirkt COX-2 direkt nach der Einleitung von Entzündungsprozessen (via PGE_2) proinflammatorisch, wohingegen COX-2 antiinflammatorische Wirkungen beim Abklingen von Entzündungen (via PGD_2 und 15d-PGJ_2) erzielt (45). In diesen Untersuchungen konnte demnach die Assoziation von 15d-PGJ_2 mit dem Abklingen von Entzündungen verdeutlicht werden.

15d-PGJ_2 unterscheidet sich in vielerlei Hinsicht von anderen Prostaglandinen: Im Gegensatz zu anderen Eikosanoid-Klassen besitzen Vertreter der Prostaglandine der J_2-Klasse, zu denen auch 15d-PGJ_2 zählt, einen reaktiven Cyclopentenon-Ring mit einer elektrophilen α,β-ungesättigten Carbonylgruppe, welcher 15d-PGJ_2, neben dessen α,β-ungesättigten Keton, kovalente Bindungen mit Glutathion- und Cystein-Resten von Proteinen ermöglicht (46-48). Des Weiteren wurde neben der Tatsache, dass es nach heutigem Kenntnisstand keine spezifische Prostaglandin-Synthase gibt, welche 15d-PGJ_2 synthetisiert, bis dato auch kein spezifischer Rezeptor entdeckt (44). Prostaglandine agieren im Normalfall als extrazelluläre Mediatoren, indem sie mit ihren spezifischen Rezeptoren auf der Zelloberfläche in Interaktion treten. Statt über einen eigenen spezifischen Rezeptor interagiert 15d-PGJ_2 mit den beiden Rezeptoren von PGD_2: DP_1 und DP_2. MONNERET et al. gelang es zu zeigen, dass 15d-PGJ_2 in der Lage ist den Rezeptor DP_2 auf eosinophilen Granulozyten nahezu in gleichem Ausmaß zu aktivieren wie PGD_2 selbst und auf diese Weise gesteigerten Kalziumeinstrom zu induzieren (49). Dahingegen deuten Studien zur Aktivierung von DP_1 daraufhin, dass 15d-PGJ_2 lediglich eine schwache aktivierende Wirkung auf DP_1 besitzt. So zeigten WRIGHT et al. beispielsweise, dass 15d-PGJ_2 in der Lage ist, einen Anstieg an cyclischem Adenosinmonophosphat in humanen embryonalen Nierenzellen (HEK-Zellen) durch Interaktion mit DP_1 zu induzieren. Allerdings betrug die dafür erforderliche Konzentration das 600-fache der für eine vergleichbare Wirkung erforderlichen Konzentration an PGD_2 (50). Daher ist es eher unwahrscheinlich, dass 15d-PGJ_2 dessen Wirkungen neben der Interaktion mit DP_2 auch über DP_1 erzielt. Weitere Erkenntnisse sind jedoch notwendig, um dies vollkommen auszuschließen.

Darüber hinaus vermittelt 15d-PGJ_2 seine Wirkungen nicht nur extrazellulär über die PGD_2-Rezeptoren, sondern auch über die Interaktion mit intrazellulären Zielen wie beispielsweise nukleären Rezeptoren, Transkriptionsfaktoren und anderen Signalproteinen, welche schließlich in einer Modulierung der Genexpression resultiert. Zwei voneinander unabhängige Arbeitsgruppen um FORMAN und KLIEWER beschrieben 15d-PGJ_2 erstmals als natürlichen Liganden von PPARγ – einem nukleären Rezeptor mit antiinflammatorischem Potenzial (51, 52). Es folgten eine Reihe von Untersuchungen zur Aktivierung und Wirkung von PPARγ, welche neben synthetischen Liganden auch 15d-PGJ_2 als potenziellen Agonisten einsetzten (27, 29, 35, 53-64). In den meisten Fällen zeigten diese Untersuchungen Effekte von 15d-PGJ_2, die denen der synthetischen Liganden sehr ähnlich waren. Dies deutete darauf hin, dass 15d-PGJ_2 womöglich ein physiologischer Regulator von Prozessen ist, die unter dem Einfluss von PPARγ stehen. So wird beispielsweise eine Rolle von PPARγ bei der Regulation von Inflammationsprozessen diskutiert, da gezeigt werden konnte, dass 15d-PGJ_2 und andere Liganden die Expression einer Reihe proinflammatorischer Moleküle inhibieren (27, 29, 53, 55, 56, 58, 59, 62). Die Ergebnisse jener Untersuchungen lassen vermuten, dass 15d-PGJ_2 eine entscheidende Rolle als antiinflammatorisches Molekül beim Abklingen von Entzündungen zukommt und es die vaskulare Inflammation und Prozesse der Atherogenese moduliert (51, 52). Obwohl gezeigt worden ist, dass 15d-PGJ_2 PPARγ stimulieren kann, ist umstritten, inwiefern und ob 15d-PGJ_2 sein antiinflammatorisches Potenzial tatsächlich über PPARγ entfaltet oder ob dies über PPARγ-unabhängige Genregulationsmechanismen erfolgt (65).

Bis dato wurde eine Reihe von PPARγ-unabhängigen Prozessen entdeckt, welche die Inhibierung der Expression von proinflammatorischen Molekülen zur Folge haben und denen die kovalente Bindung von 15d-PGJ_2 an Proteine und Transkriptionsfaktoren zugrunde liegt. Die Bindungsmechanismen werden in den entsprechenden Kapiteln detailliert erläutert. Einen dieser PPARγ-unabhängigen Genregulationsmechanismen stellt die direkte Inhibierung des Transkriptionsfaktors *Nuclear Factor 'Kappa-Light-chain-enhancer' of Activated B-Cells* (NF-κB) dar. Eine weitere mögliche Art und Weise, auf die 15d-PGJ_2 unabhängig von PPARγ antiinflammatorische Wirkungen erzielt, ist die Störung der Phosphorylierungskaskade der *Extracellular Signal-regulated Kinases* (ERK) 1 und 2 (66).

Neben seiner antiinflammatorischen Rolle kommt 15d-PGJ_2 außerdem große Bedeutung in der Regulation der Lipidhomöostase zu. Diese ist vor allem im Hinblick auf die Schaumzellbildung von Makrophagen für diese Arbeit von besonderer Relevanz und wird wie sein antiinflammatorisches Potenzial über eben genannte nukleäre Rezeptoren, Transkriptionsfaktoren und Signalwege reguliert (54, 57, 60-64).

4 Der Einfluss von 15d-PGJ$_2$ auf die Atherogenese

Die folgenden Kapitel beschäftigen sich mit den einzelnen Genregulationsmechanismen, über welche 15d-PGJ$_2$ Wirkungen erzielt, und damit, auf welche Weise 15d-PGJ$_2$ jene Mechanismen moduliert. Dabei wird zum einen dessen Rolle als PPARγ-Agonist und zum anderen seine Fähigkeit den NF-κB-Signalweg und die ERK-Kaskade zu stören, analysiert. Ein weiteres Hauptaugenmerk liegt auf den Effekten, welche die Modulierung der Genexpression durch 15d-PGJ$_2$ zur Folge hat. Dabei wird insbesondere auf jene Wirkungen eingegangen, welche für die Modulierung der Funktion, die Makrophagen in der Atherogenese innehaben, von besonderer Bedeutung sind.

4.1 15d-PGJ$_2$ als natürlicher Ligand von PPARγ

4.1.1 Nukleäre Rezeptoren

Nukleäre Rezeptoren sind Liganden-abhängige Transkriptionsfaktoren, von denen bis dato 48 verschiedene im Menschen identifiziert wurden (67-69). Sie decken ein breit gefächertes Aufgabengebiet ab, welches von Reproduktion bis hin zu Immunfunktionen reicht (68, 69). In Betracht auf die Art ihrer Liganden, ihre physiologische Funktion und ihre Zielgene werden drei Arten nukleärer Rezeptoren unterschieden: Die endokrinen Rezeptoren, die Orphan-Rezeptoren, deren Liganden noch nicht identifiziert wurden, und die adoptierten Orphan-Rezeptoren, deren Agonisten in den letzten Jahren entdeckt wurden (69). Endokrine Rezeptoren wie beispielsweise der Mineralcorticoid-Rezeptor oder der Estrogen-Rezeptor binden Steroidhormone und übernehmen eine Regulationsfunktion im Wasser- und Elekrolythaushalt, in Reprodukionsvorgängen, in der sexuellen Reifung, im Immunsystem und im Kohlenhydratstoffwechsel (15). Dahingegen regulieren die adoptierten Orphan-Rezeptoren vor allem den Lipid- und Glukosestoffwechsel in der Leber, in Adipozyten, in der Skelettmuskulatur und in Makrophagen über die Interaktion mit diversen Produkten des Lipidmetabolismus, wie beispielsweise 15d-PGJ$_2$. Beispiele für diese Art von nukleären Rezeptoren sind unter anderem PPARs oder die *Retinoid X Receptors* (RXRs) (15).

Alle Mitglieder der Superfamilie der nukleären Rezeptoren haben eine gemeinsame Struktur. Ihnen allen ist eine variable N-terminale Region gemeinsam, welche zum einen eine vom Liganden unabhängige Transaktivierungsdomäne (AF-1) enthält und zum anderen eine hoch konservierte DNA-Bindedomäne (DBD) aus zwei Zinkfingermotiven, welche die Bindung des Rezeptors an spezifische DNA-Sequenzen ermöglicht. Des Weiteren besitzen sie eine Verbindungsstelle, welche den nukleären Rezeptoren die Flexibilität verleiht, an DNA und Liganden zu binden und mit anderen Rezeptoren ihrer Superfamilie zu dimerisieren, sowie eine C-terminale Region mit einer Liganden-Bindedomäne (LBD) und mit einer weiteren Transaktivierungsdomäne (AF-2), welche jedoch Liganden-abhängig ist (15, 68). Letztere ist außerdem verantwortlich für die Dimerisierung mit anderen nukleären Rezeptoren (15).

Nukleäre Rezeptoren entfalten ihre Wirkungen, indem sie Transkriptionsprozesse regulieren und auf diese Weise die Genexpression sowohl inhibieren als auch verstärken können. Dies kann über verschiedene komplexe Mechanismen erfolgen. Der Prototyp der Transkriptionsaktivierung durch nukleäre Rezeptoren gestaltet sich wie folgt: Zunächst erfolgt die Aktivierung des nukleären Rezeptors. Neben dem direkten Bindevorgang des Liganden an den Rezeptor fördern auch darauffolgende Konformationsveränderungen im Rezeptor dessen Aktivierung. Durch allosterische Veränderungen innerhalb der LBD kommt es zur Dissoziation von Korepressoren und zur Rekrutierung von Koaktivatoren, welche die transkriptionellen Aktivitäten der nukleären Rezeptoren fördern (70). Die nukleären Rezeptoren binden nach der Aktivierung durch ihre Liganden an spezifische Elemente auf der DNA und aktivieren beziehungsweise inhibieren auf diese Weise die Expression von Zielgenen (70). Während nur ein kleiner Teil der nukleären Rezeptoren als Monomer an die DNA binden kann, reguliert die Mehrheit die Transkription in der Form von Dimeren (15, 68). Endokrine Rezeptoren binden als Homodimere an die DNA, wohingegen die adoptierten Orphan-Rezeptoren als Heterodimere mit RXR als obligaten Bindungspartner binden.

Zusätzlich zur Aktivierung der Transkription ist auch die Inhibierung spezifischer Zielgene möglich. So sind einige nukleäre Rezeptoren wie beispielsweise PPARs in Anwesenheit ihrer Liganden dazu in der Lage, die Aktivitäten anderer Transkriptionsfaktoren zu inhibieren (68). Auf diese Weise hemmen sie die Expression verschiedener Gene, ohne an die DNA zu binden. Dieser Vorgang – die Transrepression – ist vermutlich der primäre Mechanismus, über den nukleäre Rezeptoren die Expression proinflammatorischer Gene in Makrophagen inhibieren (56).

Es gibt eine Vielzahl an nukleären Rezeptoren, welche eine physiologische Rolle in Makrophagen spielt. Für diese Arbeit von besonderem Interesse ist PPARγ, da 15d-PGJ_2 als dessen natürlicher Ligand unter anderem über diesen die Genexpression in Makrophagen atherosklerotischer Läsionen verändert und somit das Fortschreiten der Atherogenese moduliert (27, 29, 35, 53-64).

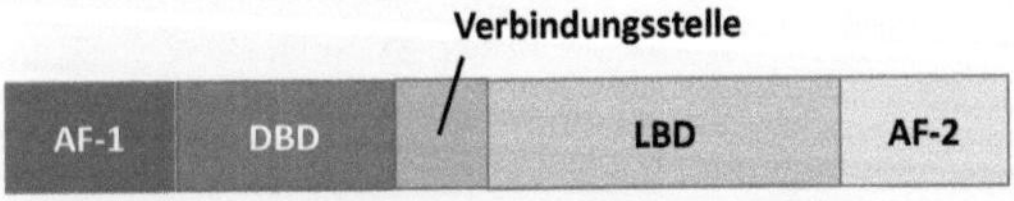

Abbildung 3: Funktionelle Domänen von PPARγ. Die N-terminale Region von PPARγ besteht aus der Transaktivierungsdomäne AF-1 enthält. Die C-terminale Region setzt sich zusammen aus der Liganden-Bindedomäne und der Transaktivierungsdomäne AF-2. Eine Verbindungsstelle zwischen C- und N-Terminus liefert die nötige Flexibilität, um die DNA, den Liganden und einen Dimerisierungspartner zu binden (15).

4.1.2 PPARγ: Ein negativer Regulator der Makrophagenaktivierung

PPARγ ist neben PPARα und PPARβ/δ eine der drei Isoformen der PPAR-Subfamilie nukleärer Rezeptoren in Säugetieren (71). Von PPARγ selbst sind wiederum zwei humane Isoformen bekannt: PPARγ 1 und PPARγ 2. Die verschiedenen Isoformen werden von ein und demselben Gen kodiert. Durch den Einsatz unterschiedlicher Promotoren und mittels alternativen Spleißens entstehen aus diesem Gen vier verschiedenen mRNA Isoformen: PPARγ1-, PPARγ3- und PPARγ4-mRNAs kodieren für PPARγ 1, wohingegen PPARγ2-mRNA allein für PPARγ 2 kodiert, welches am N-terminalen Ende um 30 Aminosäuren länger ist als PPARγ 1. Die vier verschiedenen Isoformen der PPARγ-mRNA deuten darauf hin, dass die Expression gewebsspezifisch erfolgt (72). So wird PPARγ 2 vor allem im Fettgewebe exprimiert wohingegen PPARγ 1 im Fettgewebe, im Kolonepithel, im Endothel und in Makrophagen zu finden ist (56, 72-74). JIANG et al. wiesen außerdem die Expression von PPARγ in humanen Monozyten nach (58).

In Bezug auf die PPARγ-Expression in Makrophagen zeigten RICOTE et al., dass PPARγ nicht kontinuierlich in Makrophagen exprimiert wird, sondern dass dies von ihrem Aktivierungszustand abhängt. Inaktive, aus dem Knochenmark stammende Makrophagen wiesen im Vergleich zu aktivierten peritonealen Makrophagen lediglich eine geringe Expressionsrate auf, wohingegen PPARγ in aktivierten Makrophagen hoch exprimiert wird (56). Weitere Untersuchungen ergaben einen Zusammenhang zwischen der Expression von PPARγ und dem erlernten Immunsystem: Das Zytokin IL-4 induziert in murinen peritonealen Makrophagen und humanen Monozyten die Expression von PPARγ und verstärkte außerdem die Aktivierung von PPARγ, indem es die Produktion von PPARγ-Liganden ankurbelte (75). Gestützt auf diese Ergebnisse betrachteten MARX et al. die Expression von PPARγ in atherosklerotischen Läsionen der humanen Carotis (27). Sie entdeckten hohe Konzentrationen an PPARγ in den Makrophagen-reichen Schulterregionen der atherosklerotischen Läsionen. Dies deutet daraufhin, dass PPARγ in Makrophagen atherosklerotischer Läsionen exprimiert wird und durch Modulation der Genregulation in diesen dazu in der Lage ist die Atherogenese zu beeinflussen (27).

SUEYOSHI et al. bestätigten des Weiteren nicht nur die Expression von PPARγ in atherosklerotischen Plaques, sondern entdeckten außerdem Unterschiede in der Expressionsrate von PPARγ in den verschiedenen Entwicklungsstadien der Atherosklerose (76). Die Expression von PPARγ sowohl in Fettstreifen als auch in frühen und fortgeschrittenen atherosklerotischen Läsionen ist signifikant höher als im frühen Stadium der Atherogenese. Des Weiteren nimmt die Expression in Proportion zu dem Schweregrad der unterschiedlichen Läsionstypen zu, das heißt je weiter die atherosklerotische Läsion voranschreitet desto höher wird PPARγ exprimiert. Demzufolge scheint die PPARγ-Expression in atherosklerotischen Läsionen eine adaptive Reaktion auf den Fortschritt der Atherogenese zu sein (76). Allerdings konnte keine Korrelation zwischen der Expression von PPARγ-mRNA und dem Makrophagen-Gehalt in den Läsionen erfasst werden. Dieser Sachverhalt bestätigt die Untersuchungsergebnisse von RICOTE et al. und MARX et al., welche zeigen, dass nur bestimmte Makrophagen-Typen, allen voran die sogenannten Schaumzellen, in der Lage sind PPARγ hoch zu exprimieren (77). In Makrophagen und Monozyten, welche PPARγ exprimieren, konnte jedoch dessen Wirkung gezeigt werden: Die Liganden-abhängige Aktivierung von PPARγ in peritonealen Makrophagen hatte zur Folge, dass diese morphologische Eigenschaften – wie sie typisch für inaktive Zellen sind – zeigten.

Selbst eine Behandlung der inaktiven Makrophagen mit Interferon γ, welches im Normalfall zuverlässig die Aktivierung von Makrophagen induziert, änderte daran nichts. Diese Beobachtung deutet daraufhin, dass PPARγ die Expression von Genen, welche normalerweise in aktivierten Makrophagen hoch exprimiert werden, inhibiert (56).

In Betracht auf dessen hohe Expression in Schaumzellen und in anderen Makrophagen atherosklerotischer Läsionen liegt es nahe, dass PPARγ verschiedene Funktionen von Makrophagen, welche Auswirkungen auf die Atherosklerose haben, stark beeinflusst. Von der Modulation der Genexpression sind sowohl Gene betroffen, die den Lipidmetabolismus und damit die Transformation zu Schaumzellen beeinflussen, als auch Gene, welche an der Makrophagenaktivierung und -rekrutierung sowie an der Zytokin-Produktion und folglich an Inflammationsprozessen beteiligt sind (59, 63, 66). Auf die einzelnen durch PPARγ vermittelten Effekte in der Genexpression von Makrophagen wird in den entsprechenden Kapiteln eingegangen.

Eines der Moleküle, das PPARγ aktiviert und auf diese Weise die Expression bestimmter Gene in Makrophagen beeinflusst, ist der natürliche PPARγ-Ligand 15d-PGJ_2.

4.1.3 Aktivierung von PPARγ durch 15d-PGJ_2

Wie andere Mitglieder der Superfamilie der nukleären Rezeptoren besitzt auch PPARγ eine LBD, die sich am C-terminalen Ende des Proteins befindet. Sie besteht aus rund 250 Aminosäuren und enthält neben Dimerisierungsmotiven auch Transkriptionsaktivierungsdomänen, darunter auch AF-2.

Nach SHIRAKI et al. ist die entscheidende funktionelle Gruppe, welche 15d-PGJ_2 und anderen natürlichen PPARγ-Liganden gemeinsam ist und ihnen die Bindung an die LBD von PPARγ ermöglicht, ein α,β-ungesättigtes Keton im Cyclopentenon-Ring (46). Um eine Aktivierung von PPARγ zu erzielen, muss 15d-PGJ_2 über sein α,β-ungesättigtes Keton kovalent an einen Cystein-Rest in dessen LBD binden (46). In Untersuchungen mit einem neu entwickelten spektrophotometrischen System gelang es SHIRAKI et al. die Kinetik des Bindevorgangs von 15d-PGJ_2 an die DBD von PPARγ zu erfassen (78). Die Bindung erfolgt demnach in zwei Schritten über einen sogenannten *dock and lock*-Mechanismus (46, 78): Zunächst dockt 15d-PGJ_2 an die Liganden-Bindetasche an, indem es nichtkovalent daran bindet. Dabei kommt es zu einer Strukturveränderung der der Helix H2' folgenden Schleife. Dieser Schritt ist abhängig von Phe-287 und entscheidend für den Grad der Aktivierung von PPARγ nach erfolgreicher kovalenter Bindung (79, 80). Die nichtkovalente Bindung ermöglicht es 15d-PGJ_2 in die tief gelegene Liganden-Bindetasche zu gelangen und dort eine kovalente Bindung mit PPARγ einzugehen. Genauer kommt es dabei zu einer Michael-Addition: Dabei reagiert das elektrophile Kohlenstoffatom des α,β-ungesättigten Ketons (C13) mit dem Schwefelatom eines Cystein-Restes in PPARγ (Abbildung 6). Des Weiteren kommt es zur Bildung einer Wasserstoffbindung: Die Carboxylgruppe des 15d-PGJ_2 reagiert hierfür mit dem Tyr-473 in der Helix 12 von PPARγ (78). Die kovalente Bindung resultiert schließlich in einer Umlagerung der Seitenketten rund um Phe-287, was zur Aktivierung des Rezeptors führt (79,

80). Die Bildung einer kovalenten Bindung ist demnach unerlässlich, um eine Aktivierung von PPARγ zu erzielen. Neben der Rezeptor-Aktivierung ermöglicht die irreversible Bindung, dass auch Liganden mit geringer Affinität und niedriger Konzentration ihre Wirkungen über einen kumulativen Effekt ausüben können (78).

4.1.4 Arten der Genregulation durch PPARγ

Nach heutigem Kenntnisstand reguliert PPARγ die Genexpression durch drei verschiedene transkriptionelle Aktivitäten. Im Folgenden werden diese detailliert erläutert.

4.1.4.1 Inhibierung der Genexpression in Abwesenheit von Liganden

Wie andere Mitglieder der Superfamilie der nukleären Rezeptoren, besitzt auch PPARγ eine zentrale DBD, welche spezifische DNA-Sequenzen – die sogenannten *PPAR-response elements* (PPREs) in der Promotorregion seiner Zielgene erkennt (Abbildung 3). In der Abwesenheit von Liganden kann PPARγ, als Heterodimer mit RXR an ein PPRE eines seiner Zielgene gebunden, dessen Expression aktiv unterdrücken. Dabei interagiert das Heterodimer mit Korepressor-Komplexen, welche die Korepressoren der nukleären Rezeptoren *Nuclear Receptor Co-repressor 1*, *Nuclear Receptor Co-repressor 2* und Histon-Deacetylasen enthält (Abbildung 4) (15).

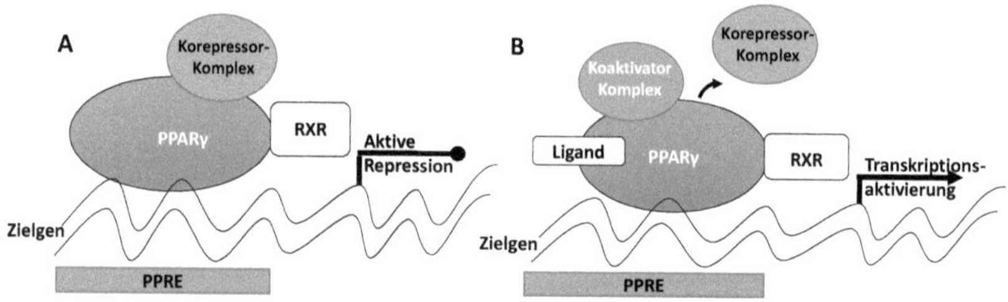

Abbildung 4: Aktive Repression und Transaktivierung der Genexpression durch PPARγ. A: In der Abwesenheit von Liganden binden PPARγ-RXR-Hetreodimere an PPREs in der Promotorregion ihres Zielgens und unterdrücken durch die Rekrutierung von Korepressoren dessen Transkription. **B:** In der Anwesenheit von Liganden binden PPARγ-RXR-Hetreodimere an PPREs in der Promotorregion ihres Zielgens und aktivieren die Transkription. Dafür sind die Dissoziation der Korepressoren vom Heterodimer und die Rekrutierung von Koaktivatoren erforderlich (modifiziert nach LI & PALINSKI (15)).

4.1.4.2 Induktion der Genexpression durch Liganden-abhängige Aktivierung

Kommt es zu einer Liganden-vermittelten Aktivierung von PPARγ, so formt dieser zunächst ein Heterodimer mit einem weiteren nukleären Rezeptor, namentlich RXR. Infolgedessen aktiviert dieser nach Bindung an ein PPRE im Promotor eines spezifischen Targetgens dessen Expression (Abbildung 4) (81-83). Mit der Aktivierung der Genexpression ist in diesem Fall eine Dissoziation von Korepressoren und eine Rekrutierung von Koaktivatoren verbunden

(84). Für den Austausch von Korepressoren und Koaktivatoren ist eine Ubiquitinierungsmaschinerie erforderlich, welche den Korepressor-Komplex für den Proteosom-abhängigen Abbau markiert (85). Der Koaktivator-Komplex beinhaltet eine Vielzahl an Koaktivator-Proteinen mit enzymatischen Funktionen. Dazu gehören Proteine mit Histonacetyltransferase-Aktivität und Histonmethyltransferase-Aktivität, welche durch ihre Histon-modifizierenden Enzymaktivitäten die Gentranskription durch eine Änderung der Chromatinstruktur bedingen (70). Des Weiteren sind diese Proteine dazu in der Lage, die Trankriptionsmaschinerie direkt oder indirekt zum Promotor zu rekrutieren (70, 86). All dies führt letzten Endes zur Transkription des Zielgens. Auf diese Weise kann PPARγ die Expression verschiedener Zielgene wie beispielsweise die Expression von CD36 aktivieren (62).

4.1.4.3 Inhibierung der Genexpression durch Transrepression

Neben der Induktion der Expression bestimmter Zielgene ist PPARγ in der Lage, die Transkription verschiedener Gene Liganden-abhängig zu inhibieren, ohne an entsprechende PPREs in der DNA zu binden. Betroffen sind unter anderem Gene, die bei der Atherogenese eine Rolle spielen, weshalb gerade dem Mechanismus der Transrepression bei der Wirkungsentfaltung von 15d-PGJ_2 in Makrophagen eine besondere Bedeutung zukommt (72). Es gibt drei unterschiedliche Mechanismen der Transrepression (Abbildung 5). Der erste Mechanismus gestaltet sich wie folgt: Das Liganden-aktivierte PPARγ-RXR-Heterodimer bindet die limitierten Koaktivatoren *CREB-binding Protein* (CBP) und p300. Da diese Koaktivatoren essentiell für die Funktion aller Transkriptionsfaktoren sind, welche die Expression proinflammatorischer Gene induzieren, führt ein Mangel an freiem CBP und p300 zu einer Inhibierung der Expression dieser Gene (87). Von diesem Antagonismus betroffen sind die Transkriptionsfaktoren AP-1, NF-κB, *Signal Transducer and Activator of Transcription* (STAT) und *Nuclear Factor of Activated T-cells* (NFAT) (72).

Ein weiterer Mechanismus, über den der Liganden-aktivierte PPARγ-RXR-Komplex die Transrepression der Genexpression erzielt, erfolgt durch die direkte Bindung von Transkriptionsfaktoren durch das Heterodimer. Auf diese Weise verhindert der PPARγ-RXR-Komplex, dass bestimmte Transkriptionsfaktoren an die DNA binden und die Transkription bestimmter Gene aktivieren. YANG et al. zeigten, dass dieser Mechanismus verantwortlich für die Inhibierung der Expression von IL-2 in T-Zellen ist. Nach Aktivierung von PPARγ wurde NFAT an das Heterodimer gebunden und war nicht mehr dazu in der Lage, die Transkription von IL-2 zu aktivieren (88). Außerdem konnten CHUNG et al. in murinen Makrophagen beobachten, dass PPARγ durch Interaktion mit NF-κB, genauer mit seinen Untereinheiten p50 und p65, dessen Bindung an die DNA verhindert und somit die Expression von IL-12 inhibiert (89).

Eine weitere Möglichkeit der Transrepression stellt die Inhibierung von Mitogen-aktivierten Proteinkinasen (MAPKs) dar. Im Normalfall führt eine Phosphorylierungskaskade dreier hintereinander geschalteter MAP-Kinasen zur Expression einer Reihe von Genen, darunter auch Gene inflammatorischer Moleküle. Es wurde gezeigt, dass der Liganden-aktivierte

PPARγ dazu in der Lage ist, in verschiedene MAP-Kinase Signalwege einzugreifen und so die Expression verschiedener Gene zu inhibieren. So berichteten zum Beispiel DESREUMAUX et al., dass PPARγ nach Liganden-abhängiger Aktivierung die Phosphorylierung der MAP-Kinasen p38 und *c-Jun N-terminale Kinase* abschwächte, welche maßgeblich an der Etablierung einer Kolitis beteiligt waren (90). Dies trug dazu bei, dass die Konzentration an proinflammatorischen Molekülen signifikant abnahm.

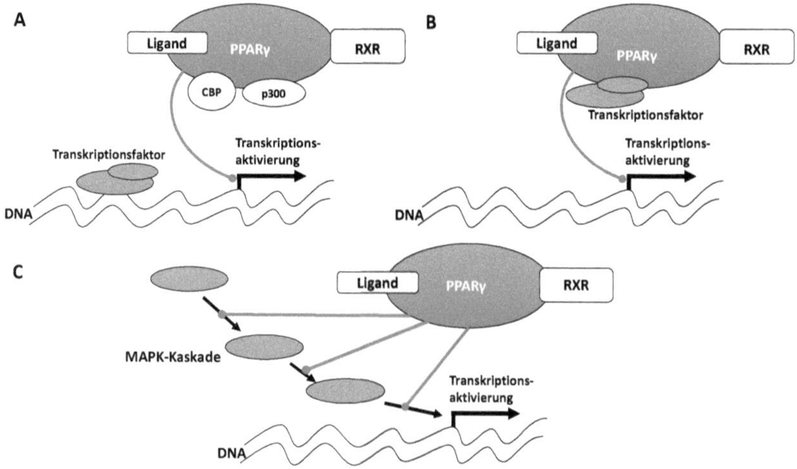

Abbildung 5: Transrepression der Genexpression durch PPARγ. A: In Anwesenheit von Liganden verhindert das PPARγ-RXR-Heterodimer die Transkriptionsaktivierung durch Transkriptionsfaktoren wie NF-κB, AP-1, STAT und NFAT. Die Inhibierung erfolgt durch Bindung der limitierten Koaktivatoren CBP und p300, welche essentiell für die transkriptionelle Aktivität der Transkriptionsfaktoren sind. **B:** Des Weiteren verhindert der PPARγ-RXR-Liganden-Komplex durch direkte Bindung von Transkriptionsfaktoren, dass diese die Expression von deren Zielgenen aktivieren. **C:** Eine weitere Möglichkeit der Transpression erzielt der PPARγ-RXR-Liganden-Komplex durch das Eingreifen in einzelne Etappen von MAPK-Kaskaden, welche zur Expression einer Reihe von Genen führen (72, 87-90; modifiziert nach ZINGARELLI & COOK (72)).

4.1.5 Effekte von 15d-PGJ$_2$-aktiviertem PPARγ auf die Genexpression in Makrophagen

Die Vermutung, dass PPARγ möglicherweise Einfluss auf die Genexpression in Makrophagen hat, wurde erstmals von KLIEWER et al. in einer Arbeit über die Klonierung von PPARα angedeutet, die davon berichtete, dass die Milz, welche reich an Makrophagen ist, große Mengen an PPARγ aufweist (91). Bis dato wurden unzählige Arbeiten zu diesem Sachverhalt veröffentlicht und es wurde von zahlreichen Effekten von PPARγ nach Aktivierung durch 15d-PGJ$_2$ auf die Genexpression in Makrophagen berichtet. Die folgenden Kapitel sollen einen Überblick über die einzelnen Effekte auf Gene liefern, welche an der Makrophagen-

Rekrutierung und -Migration, am Lipidmetabolismus in Makrophagen und an der Etablierung des chronischen Entzündungsstatus in atherosklerotischen Läsionen beteiligt sind.

4.1.5.1 Effekte auf die Lipidhomöostase in Makrophagen

Die übermäßige Aufnahme von oxLDL in Makrophagen und die daraus resultierende Bildung von Schaumzellen hat eine entscheidende Rolle bei der Entstehung des Krankheitsbildes der Atherosklerose inne. TONTONOZ et al. lieferten erste Ergebnisse zum Zusammenhang zwischen oxLDL, der Expression von PPARγ und der Umwandlung von Makrophagen zu Schaumzellen (54). Sie zeigten, dass die Aktivierung der monozytären HL-60-Zellinie durch eine Kombination aus dem natürlichen PPARγ-Liganden 15d-PGJ_2 und dem RXR-Agonisten LG268 eine Induktion der Makrophagen-Oberflächenmarker CD11b und CD18 zur Folge hatten. Einhergehend mit dieser Differenzierung vom Monozyten zum Makrophagen konnte ein Anstieg der PPARγ-Expression beobachtet werden. Weiterhin wurde gezeigt, dass oxLDL selbst dazu in der Lage ist, PPARγ in HL-60-Zellen zu induzieren. NAGY et al. identifizierten daraufhin die 9- und 13-Hydroxyoctadeka-9,11-diensäuren als Komponenten von oxLDL, welche in der Lage sind, die PPARγ-Expression zu induzieren (64).

Des Weiteren deuteten die Ergebnisse der Arbeit von TONTONOZ et al. daraufhin, dass 15d-PGJ_2 zusammen mit LG268 die Bindung von oxLDL an die Zellen verstärkt und dass diese erhöhte Bindekapazität der Zellen auf eine erhöhte Expression des Scavenger-Rezeptors CD36 zurückzuführen ist (54). Auch CHAWLA et al. konnten eine PPARγ-induzierte Expressionssteigerung von CD36 in Makrophagen nach Rezeptoraktivierung durch 15d-PGJ_2 nachweisen (62). Die Identifizierung von CD36 als Zielgen von PPARγ deutet daraufhin, dass PPARγ eine entscheidende Rolle bei der Aufnahme von oxLDL und damit im Allgemeinen bei der Kontrolle der Lipidaufnahme in Makrophagen und anderen Zelltypen spielt. Ähnliche Ergebnisse lieferten *in vivo*-Untersuchungen von BABAEV et al. zum antiatherogenen Potenzial von PPARγ (63). Sie konnten zeigen, dass PPARγ-Liganden eine gesteigerte oxLDL-Aufnahme und eine erhöhte Expression von CD36 in Wildtyp-Mäusen erzielten, wohingegen generierte PPARγ-Knockout-Mäuse keine Veränderungen aufwiesen. Bei Betrachtung der zahlreichen Untersuchungen dieses Sachverhaltes, welche allesamt ähnliche Ergebnisse liefern, liegt die Vermutung nahe, dass es sich dabei um einen positiven Feedback-Mechanismus handelt, bei dem PPARγ nach Aktivierung durch oxLDL eine erhöhte Expression von CD36 induziert, was wiederum erhöhte oxLDL-Aufnahme zur Folge hat. Wäre die gesteigerte CD36-Expression alleiniger Effekt von 15d-PGJ_2 und PPARγ so wäre diesen eine proatherogene Wirkung zuzuschreiben, da durch diesen Mechanismus eine Förderung der Schaumzellbildung und folglich die Entwicklung atherosklerotischer Läsionen naheliegend ist (92).

Weiterführende Untersuchungen zu diesem Sachverhalt haben allerdings ergeben, dass verschiedene PPARγ-Liganden, trotz nachgewiesener Induktion der CD36-Expression, die Akkumulation von modifiziertem LDL und demnach Cholesterin in murinen und humanen Makrophagen nicht signifikant erhöhen (57, 60). Dies wird zum einen darauf zurückgeführt, dass die Expression des Hauptrezeptors für modifiziertes LDL in Makrophagen – Scavenger-

Rezeptor A – unverändert bleibt (57). Zum anderen wird davon ausgegangen, dass PPARγ die Aufnahme von oxLDL direkt mit gesteigertem Cholesterinefflux kompensiert, indem es eine Transkriptionskaskade induziert. PPARγ induziert die Expression von LXRα – einem weiteren nukleären Rezeptor, welcher wiederum die Expression von ABCA1 – einer Pumpe für den Cholesterinefflux – fördert. Liganden von PPARγ und LXRα kooperieren demnach, um die Expression von ABCA1 und folglich den reversen Cholesterintransport aus Makrophagen voranzutreiben (60, 61, 63). Auf diese Weise wird die Arterienwand vor der Exposition mit großen Mengen an oxLDL geschützt. Demnach beugen PPARγ-Liganden der Schaumzellbildung vielmehr vor als diese, wie anfangs in den Untersuchungen zur gesteigerten CD36-Expression vermutet, voranzutreiben.

4.1.5.2 Inhibierung proinflammatorischer Mediatoren der Atherogenese

Neben der Regulierung der Expression von Genen, welche die Lipidhomöostase in Makrophagen beeinflussen, soll 15d-PGJ_2 via PPARγ außerdem die Transkription einer Reihe inflammatorischer Gene in Makrophagen regulieren und auf diese Weise antiatherogene Effekte erzielen. Eine Vielzahl an Studien hat sich mit diesem Thema beschäftigt und in unterschiedlichen humanen und murinen Monozyten- und Makrophagen-Zelllinien gezeigt, dass 15d-PGJ_2 Entzündungsreaktionen, welche von Makrophagen vermittelt werden, durch Eingreifen in die Genexpression moduliert (27, 29, 35, 53, 55, 56, 58, 59, 62). Im Normalfall geht eine Aktivierung von Makrophagen mit der Sekretion einer Reihe verschiedener proinflammatorischer Mediatoren einher, welche wie im Fall der Entstehung des Krankheitsbildes der Atherosklerose eine Entzündungsreaktion hervorrufen. Die Behandlung von verschiedenen humanen und murinen Makrophagen und Monozyten mit 15d-PGJ_2 hat gezeigt, dass dieses Prostaglandin dazu in der Lage ist, die Sekretion einiger dieser Entzündungsmediatoren zu inhibieren (27, 29, 53, 55, 56, 58, 59, 62).

Zwei voneinander unabhängige Forschergruppen um RICOTE et al. und JIANG et al. berichteten erstmals von diesem Sachverhalt. RICOTE et al. zeigten, dass murine Makrophagen, welche mit Phorbol-12-myristat-13-acetat (PMA) und Interferon γ aktiviert wurden, mit einer erhöhten Expression von iNOS und MMP-9 reagieren (56). Durch gleichzeitige Behandlung derselben Makrophagen mit 15d-PGJ_2 konnte allerdings eine Inhibierung der Expression dieser beiden Moleküle gemessen werden.

In einer an diese Ergebnisse angelehnten Untersuchung konnten MARX et al. die inhibierende Wirkung von 15d-PGJ_2 auf die Expression von MMP-9 bestätigen (27). Sie wiesen sowohl eine Senkung der MMP-9-Proteinlevel als auch eine Verringerung der Gelatinase-Aktivität von MMP-9 in humanen Makrophagen in einer klaren Dosis-Wirkungs-Beziehung nach.

JIANG et al. untersuchten daraufhin weitere Effekte von 15d-PGJ_2 auf die Expression von Genen, welche an der Entstehung einer Entzündungsreaktion beteiligt sind (58). Im Normalfall führt die Exposition humaner Monozyten mit Lipopolysacchariden (LPS) zur Induktion proinflammatorischer Zytokine wie IL-1β, IL-6 und TNFα. Allerdings inhibierten

$15d\text{-}PGJ_2$ und weitere PPARγ-Liganden in dieser Studie die Genexpression dieser Entzündungsmediatoren.

Weitere Untersuchungen zum antiinflammatorischen Wirkungsspektrum von $15d\text{-}PGJ_2$ zeigten, dass PPARγ ebenso die Transkription von IL-12 in LPS-stimulierten Monozyten unterdrückt. Zur Erinnerung: IL-12 ist der Initiator der T-Helferzell-vermittelten Immunreaktion, der an der Aktivierung und Funktion einer Reihe von Immunzellen wie beispielsweise Monozyten und Makrophagen maßgeblich beteiligt ist. Als alleinstehender Effekt könnte dessen Inhibierung als antiinflammatorische Wirkung von $15d\text{-}PGJ_2$ angesehen werden. Allerdings geht mit der Inhibierung der Expression von IL-12 auch die Unterdrückung der Transkription dessen Gegenspielers IL-10 einher, welcher hemmend und begrenzend auf die T-Helferzell-vermittelte Immunabwehr wirkt und die Inhibierung proinflammatorischer Signalwege induziert (29). Im Falle von IL-10 und dessen Gegenspieler erzielt $15d\text{-}PGJ_2$ demnach sowohl pro- als auch antiinflammatorische Wirkungen, welche sich jedoch womöglich gegenseitig aufheben (30).

Darüber hinaus gelang es ZHANG et al. einen inhibierenden Effekt von $15d\text{-}PGJ_2$ auf die Transkription des Gens, welche für das Chemokin MCP-1 kodiert, nachzuweisen (53). Neben der direkten Inhibierung der Transkription von MCP-1 führt auch die von $15d\text{-}PGJ_2$ vermittelte Expressionsinhibierung proinflammatorischer Moleküle wie IL-1β und TNFα zu einem geringeren Proteinlevel dieses Chemokins, da diese Entzündungsmediatoren im Normalfall stimulierend auf dessen Expression wirken. Des Weiteren inhibiert $15d\text{-}PGJ_2$ die Monozyten-Migration noch auf anderer Ebene: TANAKA et al. konnten zeigen, dass $15d\text{-}PGJ_2$ außerdem die Transkription von CCR2 – dem Rezeptor für MCP-1 auf Monozyten – in THP-1-Monozyten negativ reguliert (55). Da MCP-1 verantwortlich für die andauernde Einwanderung von Monozyten in die atherosklerotische Läsion ist, ist es einer der ausschlaggebenden Faktoren für die Entwicklung des chronischen Entzündungsstatus, welcher die Atherosklerose auszeichnet. Daher ist die Inhibierung der Expression dieses Gens neben der Inhibierung von MMP-9 als eine der stärksten antiatherogenen Wirkungen von $15d\text{-}PGJ_2$ anzusehen (33).

Neben der Inhibierung von Chemokinen ist $15d\text{-}PGJ_2$ jedoch auch dazu in der Lage, die Expression eines Vertreters zu induzieren. FU et al. zeigten, dass $15d\text{-}PGJ_2$ die PMA-induzierte Expression des Chemokins IL-8 in THP-1 Makrophagen fördert und dass diese gesteigerte Genexpression mit einer erhöhten PPARγ-Expression einhergeht (35). In weiteren Untersuchungen zu diesem Sachverhalt wurde die Hochregulierung der Expression von IL-8 in LPS-induzierten humanen Monozyten und Makrophagen durch $15d\text{-}PGJ_2$ bestätigt (53). Da IL-8 ein potentes chemotaktisches Zytokin zur Rekrutierung und Aktivierung von glatten Muskelzellen und einer Reihe von Immunzellen wie Neutrophilen und Monozyten ist und $15d\text{-}PGJ_2$ außerdem die Genexpression von CD36 fördert, entwickelte sich die Hypothese, dass $15d\text{-}PGJ_2$ auch proatherogenes Potenzial besitzen könnte (35, 53).

Die antiatherogene Wirkung von $15d\text{-}PGJ_2$ konnte *in vivo* in einem Mausmodell für Atherosklerose nachgewiesen werden. SENO et al. zeigten, dass eine Applikation von 15d-

PGJ_2 eine Verzögerung der Entwicklung atherosklerotischer Läsionen im Vergleich zu Kontrollen zur Folge hatte (93). Darüber hinaus ergaben immunhistochemische Untersuchungen und Analysen der Genexpression eine signifikante Reduktion der Konzentration von MMP-9, MCP-1 und TNFα in atherosklerotischen Läsionen von 15d-PGJ_2-behandelten Mäusen. Des Weiteren wiesen die Läsionen der Kontrollen weit mehr Makrophagen auf, was den Effekt von MCP-1 verdeutlichte. Allerdings lässt eine Inhibierung von NF-κB in den Proben bei gleichzeitig unveränderten PPARγ-Konzentrationen in Proben und Kontrollen darauf schließen, dass 15d-PGJ_2 dessen antiatherogene Wirkung nicht nur als PPARγ-Ligand sondern auch durch PPARγ-unabhängige Genregulationsmechanismen entfaltet (93).

Dieser Sachverhalt wurde bereits in einer Vielzahl an Arbeiten kontrovers diskutiert (57, 62, 94-97). So testeten beispielsweise THIERINGER et al. den Effekt verschiedener PPARγ-Liganden auf die Zytokin-Produktion in Makrophagen (96). Unter fünf PPARγ-Liganden war lediglich 15d-PGJ_2 dazu in der Lage, IL-6 und TNFα *in vivo* und *in vitro* in einem breiten Konzentrationsspektrum zu inhibieren (96). Eine weitere Untersuchung identifizierte erneut 15d-PGJ_2 als einzigen PPARγ-Liganden, welcher die Inhibierung aller getesteten Entzündungsmediatoren in LPS-aktivierten murinen Makrophagen induzierte (94). Darüber hinaus konnten zwei weitere Arbeitsgruppen beweisen, dass eine Deletion des PPARγ-Gens in Makrophagen die Inhibierung der Genexpression verschiedener Zytokine durch 15d-PGJ_2 nicht negativ beeinflusste (57, 62). Des Weiteren konnten Ergebnisse einer Untersuchung von HINZ et al. zeigen, dass 15d-PGJ_2 im Gegensatz zu einem weiteren PPARγ-Liganden COX-2 und eine Reihe proinflammatorischer Mediatoren inhibiert und dass dieser inhibitorische Effekt PPARγ-unabhängig vermittelt wird, da die Zugabe eines PPARγ-Antagonisten nichts an dieser Wirkung änderte (95). LIU et al. griffen diesen Sachverhalt nochmals auf und bestätigten, dass ausschließlich 15d-PGJ_2 im Vergleich zu einem weiteren PPARγ-Liganden fähig war, die Expression einer Reihe von Entzündungsmediatoren in murinen Makrophagen zu unterdrücken (97). An dessen inhibitorischer Wirkung änderte selbst der Einsatz eines PPARγ-Antagonisten nichts.

Bei Betrachtung all dieser Ergebnisse liegt es nahe die Modulation der Genexpression in Makrophagen durch 15d-PGJ_2 auch unter dem Blickwinkel PPARγ-unabhängiger Genregulationsmechanismen zu betrachten.

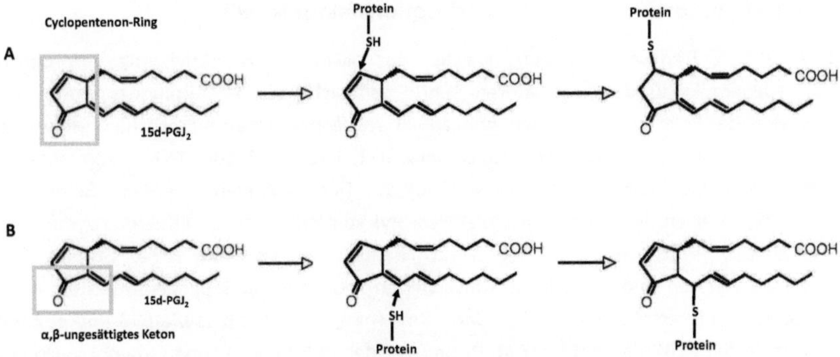

Abbildung 6: Beispiele für Michael-Additionen von 15d-PGJ$_2$ an Proteine. 15d-PGJ$_2$ vermittelt eine Vielzahl an Wirkungen durch die kovalente Bindung an Proteine. Diese ist zurückzuführen auf elektrophile, α,β-ungesättigte Carbonylgruppen in dessen Struktur, welche mit nukleophilen Gruppen wie beispielsweise den Thiolgruppen der Glutathion- und Cystein-Reste in Proteinen reagiert. **A:** Das α,β-ungesättigte Kohlenstoffatom (C9) des Cyclopentenon-Ringes bindet kovalent an freie Sulfhydrylgruppen der Glutathion- und Cystein-Reste verschiedener Proteine wie beispielsweise IKK und NF-κB-Untereinheiten. Auf diese Weise inhibiert es den NF-κB-Signalweg und die ERK-Kaskade. **B:** Darüber hinaus kann 15d-PGJ$_2$ auch über das elektrophile Kohlenstoffatom (C13) des α,β-ungesättigten Ketons an Thiolgruppen in Proteinen kovalent binden. Auf diese Weise aktiviert es den nukleären Rezeptor PPARγ (46-48, 71, 78-80, 94, 98-101; modifiziert nach UCHIDA & SHIBATA (102)).

4.2 Mechanismen der PPARγ-unabhängigen Genregulation

4.2.1 Inhibierung des NF-kB Signalwegs durch 15d-PGJ$_2$

15d-PGJ$_2$ greift in unterschiedliche Ebenen des NF-κB-Signalweges ein und inhibiert auf diese Weise die Genexpression verschiedener Entzündungsmediatoren. Eine entsprechende Modulierung der Expression von proatherogenen Molekülen in Makrophagen atherosklerotischer Läsionen führt zu einer Verlangsamung der Progression der Atherosklerose. In Kapitel 4.1.4.3 wurde bereits behandelt wie 15d-PGJ$_2$ als PPARγ-Ligand an der Transpression verschiedener Transkriptionsfaktoren, darunter auch NF-κB, und folglich an der Inhibierung der Genexpression beteiligt ist. Darüber hinaus ist 15d-PGJ$_2$ dazu in der Lage, den NF-κB-Signalweg direkt zu stören. Dies erfolgt durch eine Interaktion von 15d-PGJ$_2$ mit verschiedenen Proteinen (Abbildung 7). Durch einen reaktiven Cyclopentenon-Ring, welcher mit Molekülen reagiert, die nukleophile Gruppen besitzen, bindet 15d-PGJ$_2$ kovalent an diese (Abbildung 6). Zur Erinnerung: Reaktionen dieser Art werden Michael-Additionen genannt. Folgende Kapitel beschäftigen sich mit den PPARγ-unabhängigen Mechanismen der Inhibierung der NF-κB-vermittelten Genexpression durch 15d-PGJ$_2$.

4.2.1.1 Kurze Einführung: Der Transkriptionsfaktor NF-κB

NF-κB ist ein Transkriptionsfaktor, welcher vor allem in der Aktivierung von Genen verschiedener Entzündungsmediatoren und demnach in der Immunantwort eine entscheidende Rolle spielt. Zu den von NF-κB regulierten inflammatorischen Molekülen gehören zum einen Zytokine wie beispielsweise IL-1, IL-6, IL-12 oder TNF-α, zum anderen auch Chemokine wie beispielsweise MCP-1. Des Weiteren werden Gene von Akutphaseproteinen, von Adhäsionsmolekülen und von induzierbaren Effektorenzymen wie beispielsweise iNOS reguliert. Bei NF-κB handelt es sich um eine Gruppe von strukturverwandten und evolutionär konservierten Proteinen. In Säugetieren besteht diese Gruppe aus fünf verschiedenen Mitgliedern: RelA (p65), c-Rel, RelB sowie p50 und p52 mit ihren Vorstufen p105 und p100 (103). Die verschiedenen Proteine können sowohl als Homo- als auch Heterodimere vorkommen und üben ihre Effekte fast ausschließlich als Aktivatoren der Transkription ihrer Zielgene aus. Lediglich p50/p50-Dimere und p52/p52-Dimere können zusätzlich eine Inhibierung der Transkription bewirken (104). Allen Mitgliedern der NF-κB-Familie ist eine hoch konservierte N-terminale Homologie-Domäne gemeinsam, welche 300 Aminosäuren umfasst. Diese dient der Bindung der DNA, der Dimerisierung und der Assoziation mit Inhibitoren. In den meisten Zellen liegt NF-κB als p50/p65-Heterodimer inaktiviert im Zytoplasma unstimulierter Zellen vor. Die Inaktivierung wird erreicht durch die Bindung eines Inhibitors der IκB-Familie an die entsprechende Domäne im NF-κB-Protein. Die IκB-Familie besteht in Säugetieren ähnlich wie die NF-κB-Familie aus mehreren Mitgliedern. Zu diesen gehören IκBα, IκBβ, IκBε, IκBγ, Bcl-3 und die Vorstufen der NF-κB-Proteine p100 und p105 (103). Im Falle des vorherrschenden p50/p65-Heterodimers handelt es sich bei den inhibitorischen Proteinen um IκBα und IκBβ. Kommt es in der Zelle zu einer Stimulation durch eine Vielzahl möglicher Mediatoren wie beispielsweise proinflammatorische Zytokine oder Viren, so löst dies eine Reihe von Signaltransduktions-Prozessen aus, welche schließlich die Aktivierung spezifischer IκB Kinasen (IKK) zur Folge haben. Der aktivierte IKK-Komplex phosphoryliert den entsprechenden Inhibitor an zwei Serin-Resten, was zu dessen Ubiquitinylierung und letztendlich zu dessen Abbau durch das Proteasom führt. Nach Dissoziaton von seinem Inhibitor kann NF-κB in den Zellkern wandern, dort an den Promotor seines Zielgens binden und dessen Transkription induzieren (105).

4.2.1.2 Inhibierung der Aktivität von IKK

SANTORO berichtete erstmals, dass 15d-PGJ_2 die Oxidans-induzierte Translokation von NF-κB in den Zellkern durch Inhibierung der IκBα-Phosphorylierung verhindert (99). Weiterführende Untersuchungen von STRAUS et al. demonstrierten, dass 15d-PGJ_2 des Weiteren den LPS-induzierten Abbau des Inhibitors IκBα in RAW264.7-Makrophagen signifikant inhibiert (98). Als Ursache hierfür wurde eine inhibitorische Wirkung von 15d-PGJ_2 auf die Aktivität von IKK vermutet. Gestützt auf diese Hypothese wurde der Effekt von 15d-PGJ_2 auf die IKK-Aktivität in peritonealen Makrophagen und in RAW264.7-Makrophagen untersucht. Die Untersuchungen ergaben eine signifikante Inhibierung der IKK-Aktivität in beiden Zelllinien (56, 98). Dieser Effekt wird durch eine kovalente Modifikation von Cystein-Resten, welche sich in der Nähe des aktiven Zentrums der IKK befinden, erzielt. Durch dessen Cyclopentenon-Ring, welcher ein elektrophiles Kohlenstoffatom beinhaltet, reagiert 15d-PGJ_2 mit einem Schwefelatom eben dieses Cystein-Restes irreversibel, was die Inhibierung der IKK-Aktivität zur Folge hat. Untersuchungen von ROSSI et al. zeigten darüber hinaus, dass die Inhibierung der TNFα-induzierten Aktivität von IKK in humanen Monozyten durch 15d-PGJ_2 in einer deutlichen Dosis-Wirkungs-Beziehung steht (100). Außerdem demonstrierten sie, dass 15d-PGJ_2 die Inhibierung von IKK durch direkte Modifizierung dessen IKKβ-Untereinheit über den beschriebenen Mechanismus erzielt. Reaktionspartner ist hierbei das Cystein an Position 179 im aktiven Zentrum der IKK-β-Untereinheit. Die aus diesen Ergebnissen resultierende ausbleibende Phosphorylierung und der fehlende Abbau des Inhibitors führen dazu, dass NF-κB in seinem inaktiven Status verweilt und nicht dazu in der Lage ist die Expression von Entzündungsmediatoren einzuleiten, was dem Fortschreiten von chronischen Entzündungsprozessen wie der Atherosklerose entgegenwirkt (100).

4.2.1.3 Direkte Modifizierung von NF-κB Untereinheiten

Neben der Modifizierung von IKK durch 15d-PGJ_2, zeigten STRAUS et al. außerdem, dass das Prostaglandin auch nach der Aktivierung und Translokation von NF-κB in den Zellkern dazu in der Lage ist dessen Bindung an sein entsprechendes Zielgen in RAW264.7-Makrophagen zu verhindern und auf diese Weise die Expression inflammatorischer Moleküle zu inhibieren (98). Der genaue Inhibierungsmechanismus des vorherrschenden NF-κB-Dimers – nämlich des p50/p65-Heterodimers – konnte aufgeklärt werden. Ähnlich der Modifizierung von IKK spielt hierbei wiederum das elektrophile Kohlenstoffatom des Cyclopentenon-Ringes eine entscheidende Rolle. Über eine Michael-Addition reagiert es kovalent mit dem Schwefelatom eines Cystein-Restes der DNA-Bindedomäne der NF-κB Untereinheit p65 und macht eine DNA-Bindung unmöglich (98). Darüber hinaus wurde in einer weiterführenden Studie gezeigt, dass 15d-PGJ_2 die DNA-Bindefähigkeit von NF-κB außerdem durch die kovalente Modifizierung des Cysteins 62 der NF-κB Untereinheit p50 in einer klaren Dosis-Wirkungs-Beziehung einschränkt (101).

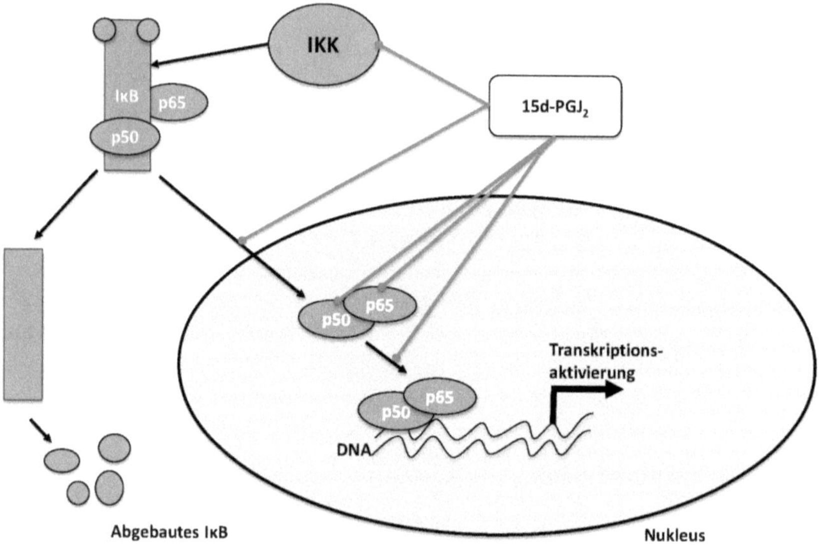

Abbildung 7: Inhibierung des NF-κB-Signalweges durch 15d-PGJ$_2$. Durch die direkte Modifizierung von IKK verhindert 15d-PGJ$_2$ die IκB-Phosphorylierung und somit den Abbau des Inhibitors. Dies hat zur Folge, dass NF-κB in seinem inaktiven Status verweilt. Des Weiteren inhibiert 15d-PGJ$_2$ nach der Aktivierung und Translokation von NF-κB in den Zellkern dessen Bindung an die DNA, indem es die beiden Unterheiten p50 und p65 ebenso über eine Michael-Addition modifiziert. Auf diese Weise verhindert 15d-PGJ$_2$ die Expression einer Vielzahl an proinflammatorischen Molekülen (56, 98, 100, 101; modifiziert nach ZINGARELLI & COOK (72)).

4.2.2 Inhibierung der ERK-Kaskade durch 15d-PGJ$_2$

4.2.2.1 Die Mitogen-aktivierte Proteinkinase-Kaskade

Obwohl Zellen durch eine Membran klar von deren Umgebung abgegrenzt sind, haben extrazelluläre Stimuli wie beispielsweise Hormone oder Mitogene Einfluss auf eine Vielzahl an intrazellulären Vorgängen. In der Regel binden extrazelluläre Liganden an spezifische Transmembranrezeptoren, welche auf diese Weise aktiviert werden und das Signal über intrazelluläre Signalwege weiterleiten. Diese sogenannten Signalkaskaden bestehen meist aus einem komplexen Netzwerk aus miteinander interagierenden Proteinen, welche das Signal zu unterschiedlichen intrazelluläre Zielen weiterleiten. Auf diese Weise werden die extrazellulären Stimuli in Zellvorgänge übersetzt. Eine zentrale Rolle bei der intrazellulären Signalweiterleitung nehmen die sogenannten MAPKs ein (106).

Bei den MAPKs handelt es sich um eine Familie von Serin- und Threonin-Kinasen, welche ein umfassendes Spektrum an zellulären Aktivitäten wie beispielsweise Genexpression, Metabolismus, Proliferation, Differenzierung, Bewegung und programmierten Zelltod als

Reaktion auf extrazelluläre Stimuli regulieren. Durch Anhängen eines Phosphats an spezifische Serin- und Threonin-Seitenketten in Zielproteinen erzielen MAPKs zum einen eine Veränderung der enzymatischen Aktivität ihrer Zielproteine, zum anderen können sie auf diese Weise deren Lokalisierung in der Zelle verändern. Des Weiteren kontrollieren MAPKs durch Phosphorylierung die Interaktion derer phosphorylierter Zielproteine mit anderen Proteinen und Molekülen sowie deren Tendenz von Proteasen abgebaut zu werden. Die MAPK-katalysierte Phosphorylierung der Zielproteine kann als An- und Ausschalter dieser Aktivität angesehen werden. Sogenannte Proteinphosphatasen können die Phosphatgruppe wiederum abspalten, sodass die Aktivitäten von MAPKs und Proteinphosphatasen dazu führen Zellvorgänge schnell und wechselseitig zu verändern. Zu den Zielproteinen der MAPKs gehören unter anderem weitere Proteinkinasen, Zytoskelettproteine, Phospholipasen und Transkriptionsfaktoren. Die Familie der MAPKs setzt sich aus vier Subfamilien zusammen, welche gemeinsame Sequenzen und einen ähnlichen Aktivierungsmechanismus teilen (107).

Zu Beginn der Signalübertragung steht die Aktivierung eines kleinen G-Proteins, welcher die Einleitung einer Phosphorylierungskaskade folgt, an der drei hintereinander geschaltete Kinasen beteiligt sind: Die MAPK-Kinase-Kinase, die MAPK-Kinase und die MAPK. Zunächst phosphoryliert eine aktivierte MAPK-Kinase-Kinase deren spezifische MAPK-Kinase. Diese wiederum vollzieht die Phosphorylierung der MAPK, aktiviert diese und steigert auf diese Weise deren Phosphorylierungsrate verschiedener Zielproteine. Folglich werden durch eine Reihe von Phosphorylierungen letztendlich unterschiedliche Zellvorgänge reguliert. Dabei entscheidet die Subfamilie der MAPKs, welche an der Phosphorylierungskaskade beteiligt ist, um welche Zellvorgänge es sich dabei handelt. Man unterscheidet die folgenden vier Subfamilien: die c-Jun N-terminalen Kinasen *1, 2 und 3* und die vier p38-Enzyme p38α, p38β, p38γ und p38δ, die *bigMAPK* sowie ERK 1 und ERK 2 (107).

In Hinblick auf PPARγ-unabhängige Effekte von 15d-PGJ_2 auf die Genexpression in Makrophagen wurde neben der Störung des NF-κB-Signalwegs einem Eingriff in die ERK-Kaskade Bedeutung beigemessen (Abbildung 8). Die ERK-Kaskade wird von einer Reihe extrazellulärer Stimuli ausgelöst, was in einem ersten Schritt zur Aktivierung von Ras – einem kleinen G-Protein – führt. Dieser Schritt initiiert die Rekrutierung der MAPK-Kinase-Kinasen zur Plasmamembran und deren Aktvierung. Bei den MAPK-Kinase-Kinasen handelt es sich um die Raf-Kinasen. Infolgedessen kommt es zur Phosphorylierung und Aktivierung der nachgeschalteten MAPK-Kinasen, der sogenannten MAPK/ERK Kinasen (MEKs), welche wiederum die regulatorischen Tyrosin- und Threonin-Reste der ERKs phosphorylieren. Die aktivierten ERKs phosphorylieren schließlich eine Reihe unterschiedlicher Zielproteine sowohl im Zytoplasma als auch im Zellkern. Auf diese Weise regulieren ERKs Zellaktivitäten wie beispielsweise Zellwachstum, Zelldifferenzierung, Zellentwicklung, Apoptose, Migration, morphologische Veränderungen sowie onkogene Transformation (106).

In Bezug auf die Rolle der ERK-Kaskade bei der Atherogenese konnte gezeigt werden, dass diese neben NF-κB an der Induktion der Expression von MMP-9 in Makrophagen beteiligt ist und auf diese Weise die Progression der Atherosklerose fördert. Der Einsatz eines ERK-Inhibitors verringerte die Expression in einer dosisabhängigen Wirkungsbeziehung. Ein Zusammenhang der ERK-Phosphoaktivierung und des NF-κB-Signalwegs bei der Induktion der Expression von MMP-9 konnte ausgeschlossen werden. Die ERK-Kaskade scheint die Expression von MMP-9 über einen alternativen, bisher unbekannten Genregulationsmechanismus zu stimulieren (108).

4.2.2.2 Störung der ERK-Kaskade durch 15d-PGJ_2

Die PPARγ-unabhängige Wirkungsentfaltung von 15d-PGJ_2 durch die Inhibierung des NF-κB-Signalweges ist auf ein elektrophiles Kohlenstoffatom in dessen Cyclopentenonring zurückzuführen, welches mit nukleophilen Gruppen wie den freien Sulfhydrylen der Glutathion- und Cysteinreste in Proteinen wie beispielsweise IKK reagiert. Genau wie IKK besitzt auch ERK kritische Cysteinreste, was darauf hindeutet, dass die Störung der ERK-Kaskade durch 15d-PGJ_2 womöglich ebenfalls durch eine Michael-Addition bedingt ist. Dafür sprechen Untersuchungen von GUYTON et al. zu den unterschiedlichen Effekten von 15d-PGJ_2 auf die Makrophagenaktivierung (94). Sie zeigten, dass 15d-PGJ_2 die LPS-induzierte Phosphoaktivierung von ERK 1 und 2 vollständig inhibiert. Um zu überprüfen, ob dieser Effekt auf die Reaktivität dessen Cyclopentenon-Ringes zurückzuführen ist, testeten sie darüber hinaus die Wirkung des Moleküls 2-Cyclopenten-1-on. Genauso wie 15d-PGJ_2 inhibiert auch 2-Cyclopenten-1-on die LPS-induzierte Phosphoaktivierung von ERK 1 und 2 vollständig in einer konzentrationsabhängigen Wirkungsbeziehung. Um zu identifizieren, auf welcher Stufe die beiden Moleküle in die ERK-Kaskade eingreifen und auf diese Weise die Inhibierung der Phosphoaktivierung zur Folge haben, wurde deren Effekt auf die PMA-induzierte Phosphorylierung von ERK 1 und 2 ebenso untersucht. PMA aktiviert ERK 1 und 2 durch die Induktion der Proteinkinase C, welche auf der Stufe von Ras, Raf und MEK in die ERK-Kaskade durch Phosphorylierung und Aktivierung dieser Proteine eingreift. Weder 15d-PGJ_2 noch 2-Cyclopenten-1-on störten die PMA-induzierte Phosphoaktivierung von ERK 1 und 2 in den untersuchten Makrophagen. Demnach inhibiert 15d-PGJ_2 die ERK-Kaskade nicht direkt, sondern über die Inhibierung eines Signalproteins, welches oberhalb von Ras, Raf und MEK liegt. Die Inhibierung des Signalproteins erfolgt vermutlich über eine Michael-Addition (94). In einer weiterführenden Studie zur Modulation der Makrophagenaktivierung durch 15d-PGJ_2 sowie durch andere PPARγ-Liganden, wurde die inhibierende Wirkung von 15d-PGJ_2 auf die LPS-induzierte Phosphoaktivierung von ERK 1 und 2 nochmals bestätigt (71).

ELIGNI et al. zeigten in Untersuchungen zur Expressionsinhibierung des Gewebe-thromboplastins durch 15d-PGJ_2 ebenfalls, dass dieses Molekül die ERK-Kaskade erheblich stört (109). Sie konnten bestätigen, dass ERK 1 und 2 eine entscheidende Rolle bei der Expression des Gewebethromboplastins in humanen Makrophagen und Endothelzellen spielt und vermuteten, dass ERK 1 und 2 diese Wirkung mit hoher Wahrscheinlichkeit über die Modulation der Bindung von NF-κB an die DNA erzielt. Eine Störung der ERK-Kaskade durch 15d-PGJ_2 resultiert demnach in diesem Fall in einer eingeschränkten DNA-Bindefähigkeit von NF-κB und folglich in einer Inhibierung der LPS-induzierten Genexpression. Allerdings untersuchten ELIGNI et al. nicht, inwiefern und an welcher Stelle 15d-PGJ_2 in die ERK-Kaskade eingreift (109).

Um den genauen Angriffspunkt von 15d-PGJ_2 in der Phosphorylierungskaskade von ERK 1 und 2 zu identifizieren und den vermuteten Reaktionsmechanismus, welcher letzten Endes hinter der Störung der ERK-Kaskade steckt, endgültig zu bestätigen, sind weiterführende Studien erforderlich.

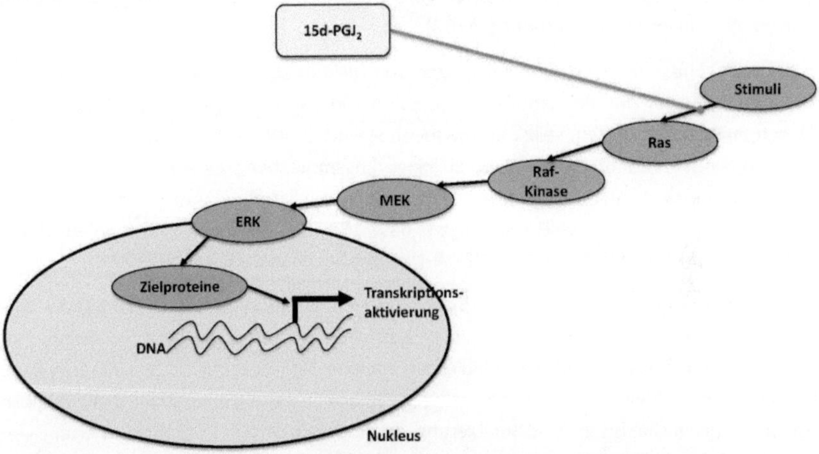

Abbildung 8: Inhibierung der Phosphoaktivierung von ERK durch 15d-PGJ_2. 15d-PGJ_2 inhibiert die Phosphoaktivierung von ERK vermutlich durch die direkte Modifizierung eines oder mehrerer Signalproteine, welche in der ERK-Kaskade über Ras liegen, über eine Michael-Addition. Auf diese Weise verhindert es die Expression einer Reihe von proinflammatorischen Molekülen. Weitere Erkenntnisse sind notwendig, um den genauen Angriffspunkt in der ERK-Kaskade identifizieren zu können (71, 94).

4.2.3 PPARγ-unabhängige Effekte von 15d-PGJ_2 auf die Genexpression in Makrophagen

Wie bereits in Kapitel 4.1.5.2 angesprochen wurde, hat eine Vielzahl an Untersuchungen ergeben, dass die Inhibierung der Expression einer Reihe inflammatorischer Mediatoren und proatherogener Moleküle vermutlich nicht ausschließlich wie anfänglich angenommen auf die Wirkung von 15d-PGJ_2 als PPARγ-Ligand zurückzuführen ist (57, 62, 94-96, 110). Vielmehr scheint es so zu sein, dass 15d-PGJ_2 vor allem die Expression von Entzündungsmediatoren hauptsächlich über PPARγ-unabhängige Genregulationsmechanismen negativ reguliert. Der meist erforschte PPARγ-unabhängige Mechanismus ist die direkte Störung des NF-κB-Signalweges durch 15d-PGJ_2. Im Folgenden werden die einzelnen PPARγ-unabhängigen Effekte von 15d-PGJ_2 auf die Genexpression in Makrophagen vorgestellt.

In einer der ersten Untersuchungen zur PPARγ-unabhängigen Genregulation in Makrophagen, gelang es THIERINGER et al. nachzuweisen, dass 15d-PGJ_2 als einziger PPARγ-

Agonist von fünf getesteten die LPS- und PMA-induzierte Produktion der proinflammatorischen Zytokine IL-6 und TNF-α signifikant inhibiert (96). Diese Inhibierung konnte sowohl *in vivo* als auch *in vitro* in humanen Monozyten, in differenzierten humanen Makrophagen sowie in murinen Makrophagen gezeigt werden. Neben der Inhibierung der Expression von IL-6 und TNF-α unterdrückt 15d-PGJ_2 außerdem die Expression von Genen, welche für die Entzündungsmediatoren iNOS und COX-2 kodieren. CHAWLA et al. demonstrierten dies in *in vivo*- und *in* vitro-Untersuchungen zur PPARγ-unabhängigen Genregulation in murinen Makrophagen (62).

Ähnliche Ergebnisse lieferten Untersuchungen von HINZ et al. (95): Demnach inhibiert 15d-PGJ_2 unter anderem die LPS-stimulierte Expression von TNF-α, IL-1, IL-6, COX-2 sowie GM-CSF in humanen Monozyten, selbst in Anwesenheit eines PPARγ-Antagonisten. In Anbetracht dieser Ergebnisse vermuteten HINZ et al. einen Zusammenhang zwischen der Inhibierung der Genexpression der genannten Entzündungsmediatoren und den Resultaten vorangegangener Studien, welche aussagen, dass 15d-PGJ_2 die Aktivität von NF-κB durch direkte Modifizierung der IKK und der NF-κB-Untereinheiten unterdrückt (98, 100).

Des Weiteren wurde vermutet, dass 15d-PGJ_2 neben der Störung des NF-κB-Signalweges dessen inhibitorische Wirkung auf die Expression inflammatorischer Moleküle in Makrophagen außerdem durch die Inhibierung weiterer Signalwege entfaltet. GUYTON et al. konnten im Zuge der Untersuchung eines weiteren PPARγ-unabhängigen Genregulationsmechanismus eine Inhibierung der LPS-induzierten Phosphoaktivierung von ERK1 und 2 durch 15d-PGJ_2 messen, welche einherging mit der negativen Regulierung der Transkription von NO, Thromboxan B_2 und TNF-α in peritonealen Makrophagen der Ratte (94). Darüber hinaus untersuchten GUYTON et al. in einer weiterführenden Studie zu diesem Sachverhalt, neben der Wirkung von 15d-PGJ_2 auf den ERK-Signalweg, dessen Effekt auf den NF-κB-Signalweg (71). Wie zuvor zeigten die Untersuchungen abermals eine Störung der Phosphoaktivierung von ERK 1 und 2 durch 15d-PGJ_2 in peritonealen Makrophagen der Ratte nach Aktivierung dieser mittels LPS und zweier weiterer bakterieller Endotoxine. Außerdem konnten Untersuchungen zur Wirkung von 15d-PGJ_2 auf den NF-κB-Signalweg die Ergebnisse von ROSSI et al. und STRAUSS et al. bestätigen (98, 100). Demnach inhibiert 15d-PGJ_2 die Aktivierung von NF-κB und folglich die Expression einer Reihe inflammatorischer Moleküle durch Verhinderung der Dissoziation des Inhibitors IκB von NF-κB in peritonealen Makrophagen der Ratte nach deren Aktivierung. Mit der Inhibierung der genannten Signalwege einhergehend wurde eine negative Regulierung der Expression von NO und Thromboxan B_2 durch 15d-PGJ_2 in eben diesen Makrophagen nach Stimulierung mit den gleichen bakteriellen Produkten gemessen (71). Demnach liegt die Vermutung nahe, dass die gestörte NO-Produktion auf die Inhibierung jener beiden Signalwege zurückzuführen ist.

In einer kürzlich erschienenen Studie wurden neben der Wirkung von 15d-PGJ_2 auf die Expression von Entzündungsmediatoren, deren Effekt auf die Phagozytose-Aktivität und Proliferation von murinen Monozyten sowie murinen Makrophagen untersucht. Eine LPS-induzierte Aktivierung dieser Zellen bei gleichzeitiger Behandlung mit 15d-PGJ_2 zeigte eine

Inhibierung der Transkription der inflammatorischen Moleküle TNF-α, IL-6, IL-1 sowie MCP-1. Des Weiteren wurde in den aktivierten Zellen eine Inhibierung der Phagozytose-Aktivität gemessen. Da die Phagozytose den ersten Verteidigungsschritt des angeborenen Immunsystems bei der Immunabwehr darstellt, kann eine Inhibierung dieser als antiinflammatorischer Effekt angesehen werden. In Bezug auf die Atherogenese führt eine Herabsetzung der Phagozytose-Rate der Makrophagen zu einer verminderten Aufnahme und Akkumulation von modifiziertem LDL in diesen, was wiederum der Schaumzellbildung und der Manifestierung des Krankheitsbildes der Atherosklerose entgegenwirkt. Als dritten Effekt von 15d-PGJ_2 konnten LIU et al. eine Herabsetzung der Proliferationsrate in den LPS-aktivierten Zellen beobachten (97). Da aktivierte Makrophagen im Laufe von Entzündungsreaktionen häufig eine hohe Proliferationsrate aufweisen, deutet eine Verringerung dieser auf das allmähliche Abklingen der Entzündung hin. Weil die Atherosklerose größtenteils auf das Scheitern des Abklingens einer Entzündungsreaktion zurückzuführen ist, haben alle drei in dieser Studie nachgewiesenen Effekte von 15d-PGJ_2 antiatherogenes Potenzial, welches dazu führt, die Progression der Atherosklerose zu verlangsamen. Durch den Einsatz eines PPARγ-Antagonisten und durch die Untersuchung eines weiteren PPARγ-Agonisten, welcher keine vergleichbaren Effekt erzielte, konnte außerdem bewiesen werden, dass es sich bei den in diesen Untersuchungen nachgewiesenen Wirkungen von 15d-PGJ_2 um PPARγ-unabhängige Effekte handelt (97).

ELIGNI et al. zeigten außerdem, dass 15d-PGJ_2 die LPS- und TNFα-induzierte Expression des Gewebethromboplastins in humanen Makrophagen und Endothelzellen inhibiert (109). Zur Erinnerung: Das Gewebethromboplastin ist ein Protein, welches die extrinsische Blutgerinnugnskaskade einleitet. Zusammen mit den Matrixmetalloproteasen ist es maßgeblich an der fortschreitenden Plaqueinstabilität, der Plaqueruptur und schließlich der Thrombusbildung beteiligt (10-12). Eine Inhibierung der Expression des Gewebethromboplastins bedeutet demnach für die atherosklerotische Läsion ein geringeres Risiko einer Plaqueruptur. Verantwortlich für den inhibitorischen Effekt von 15d-PGJ_2 auf die Expression des Gewebethromboplastins ist die PPARγ-unabhängige Störung des NF-κB-Signalweges sowie die Verhinderung der Aktivierung von ERK 1 und 2 (109).

Zusammenfassend ist zu sagen, dass in Hinsicht auf die Ergebnisse zahlreicher Untersuchungen zum Wirkungsspektrum von 15d-PGJ_2 in Makrophagen, Vorsicht dabei geboten ist, dessen Effekte auf die Aktvierung von PPARγ zu reduzieren. Es liegt nahe, die Modulation unterschiedlicher Genregulationsmechanismen sowie verschiedener Signalwege durch 15d-PGJ_2 in Makrophagen in Betracht zu ziehen und diese als Ansatzpunkt für die Entwicklung neuer Therapeutika gegen die Progression und Manifestierung des Krankheitsbildes der Atherosklerose zu untersuchen.

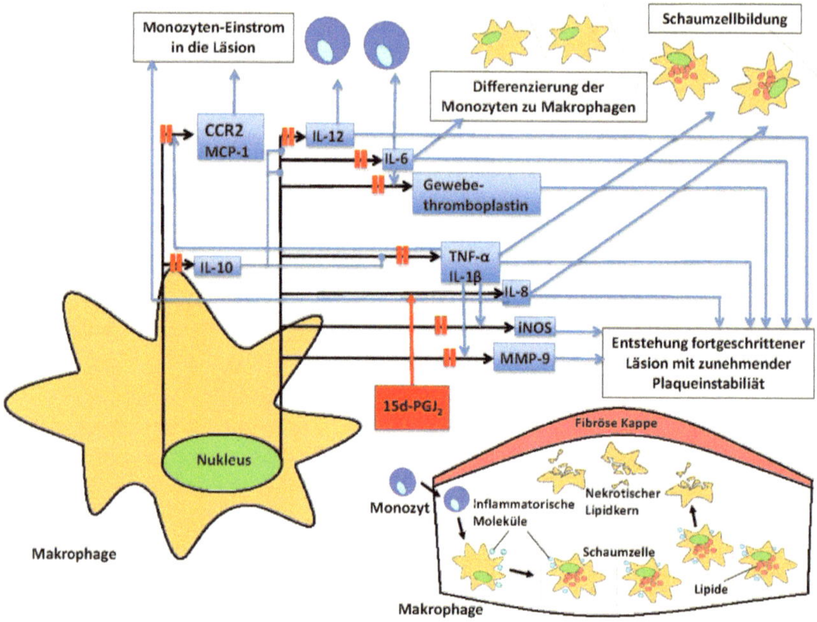

Abbildung 9: Überblick über die Effekte von 15d-PGJ_2 auf die Expression inflammatorischer Moleküle in Makrophagen und Monozyten. 15d-PGJ_2 hat regulatorischen Einfluss auf die Expression einer Reihe von inflammatorischen Molekülen in Monozyten sowie Makrophagen, welche die Atherogenese sowohl positiv als auch negativ beeinflussen. Auf diese Weise ist 15d-PGJ_2 dazu in der Lage der Entstehung eines chronischen Entzündungsstatus entgegenzuwirken und die Progression der Atherosklerose zu verlangsamen. Zum einen hemmt 15d-PGJ_2 die Expression von Molekülen, welche den Monozyten-Einstrom fördern. Dazu zählen das Chemokin MCP-1 und dessen Rezeptor CCR2 sowie die proinflammatorischen Zytokine IL-1β, TNF-α, IL-12 und IL-6. Zum anderen stört 15d-PGJ_2 durch die Inhibierung von IL-1β und TNF-α außerdem die Schaumzellbildung. Zusätzlicher Effekt der Störung der IL-6-Trankription ist eine hemmende Wirkung auf die Differenzierung von Makrophagen aus Monozyten. Darüber hinaus unterstützt 15d-PGJ_2 durch die Inhibierung der Expression von IL-12, IL-6, TNF-α und IL-1β die Plaquestabilität. Dieser Effekt wird durch die Störung der Transkription von Gewebethromboplastin, iNOS und MMP-9 verstärkt. Neben der Inhibierung von proinflammatorischen Entzündungs-mediatoren inhibiert 15d-PGJ_2 außerdem die Expression des antiinflammatorischen Zytokins IL-10. Als weitere proinflammatorische Wirkung von 15d-PGJ_2 kann die Förderung der Expression von IL-8 angesehen werden, welches der Monozyten-Rekrutierung, der Schaumzellbildung und der Plaqueinstabilität zuträglich ist. Allerdings überwiegen die antiinflammatorischen Effekte von 15d-PGJ_2 die proinflammatorschen bei Weitem (7, 10-12, 18, 24, 26-35, 53, 55, 56, 58, 59, 62).

5 Bewertung

Die Analyse einschlägiger Literatur hat gezeigt, dass 15d-PGJ_2, sowohl in *in vivo*- als auch in *in vitro*-Untersuchungen zu dessen Wirkung auf die Genexpression in Monozyten und Makrophagen, Einfluss auf die Expression verschiedener Gene, deren Produkte in die Atherogenese verwickelt sind, ausübt. Auf diese Weise ist 15d-PGJ_2 dazu in der Lage, die Makrophagenfunktion zu modulieren und in verschiedene Schritte der Atherogenese einzugreifen. Dies gelingt durch Interaktion mit verschiedenen Signalwegen und Genregulationsmechanismen. Die ursprünglich vermutete Wirkungsentfaltung als endogener PPARγ-Ligand wurde nach der Entdeckung der Effekte von 15d-PGJ_2 durch den Eingriff in PPARγ-unabhängige Genregulationsmechanismen auf die Modulierung der Expression einiger weniger Gene beschränkt. Eine Reihe von Untersuchungen ergab, dass 15d-PGJ_2 als PPARγ-Agonist vor allem, jedoch nicht ausschließlich, die Expression von Genen, welche Einfluss auf den Lipidmetabolismus haben, reguliert, wohingegen es über das Einschreiten in PPARγ-unabhängige Signalwege wie den NF-κB-Signalweg und MAPK-Signalwege die Expression von Genen, welche für verschiedene Entzündungsmediatoren kodieren, beeinflusst. Allerdings kann nicht vollständig ausgeschlossen werden, dass einige der Effekte auf die Expression inflammatorischer Moleküle auch zum Teil durch die Aktivierung von PPARγ erzielt werden.

Die Konsequenzen des Einschreitens von 15d-PGJ_2 in die Genexpression von Monozyten und Makrophagen sind vielfältig und komplex (Abbildung 9). Untersuchungen haben gezeigt, dass 15d-PGJ_2 die Expression von Genen sowohl induzieren als auch inhibieren kann und auf diese Weise auf den ersten Blick neben antiatherogenen auch proatherogene Wirkungen entfaltet. So fördert 15d-PGJ_2 als PPARγ-Ligand zum Beispiel die Expression des Scavenger-Rezeptors CD36, welcher durch die Aufnahme von oxLDL in Makrophagen die Schaumzellbildung vorantreibt (62, 63). Einzeln betrachtet ist diese Wirkung von 15d-PGJ_2 als proatherogen anzusehen, allerdings wird vermutet, dass PPARγ-Agonisten die Aufnhame von oxLDL direkt mit gesteigertem Cholesterinefflux kompensieren, indem sie die PPARγ-LXR-ABCA1-Kaskade einleiten (60, 61, 63). In diesem Kontext beugen PPARγ-Liganden der Schaumzellbildung und folglich der Atherogenese eher vor als diese wie anfangs in den Untersuchungen zur gesteigerten CD36-Expression vermutet, voranzutreiben, indem sie auf diese Weise die Exposition der Arterienwand mit oxLDL reduzieren. Als eine weitere proatherogene Wirkung von 15d-PGJ_2 wurde die Inhibierung der Expression von IL-10, welches hemmend auf proinflammatorische Signalwege wirkt, vermutet. Da dessen Inhibierung allerdings mit der Inhibierung dessen proinflammatorischen Gegenspielers IL-12 einhergeht, wird auch dieser anfänglich proatherogen erscheinende Effekt von 15d-PGJ_2 womöglich aufgehoben (29). Die Induktion der Expression des multifunktionellen Chemokins IL-8 durch 15d-PGJ_2 kann als proatherogener Effekt von 15d-PGJ_2 angesehen werden, für den bis dato noch kein direkter Kompensationsmechanismus gefunden wurde (35, 53). Allerdings haben *in vivo*-Untersuchungen gezeigt, dass die antiatherogenen Wirkungen von 15d-PGJ_2

wie beispielsweise die Inhibierung der Expression der Entzündungsmediatoren MMP-9, TNF-α, iNOS sowie IL-1β die proatherogenen Effekte bei Weitem überwiegen und eine Besserung des Entzündungungsstatus der untersuchten atheroskleotischen Läsionen zur Folge haben (93). Somit kommt 15d-PGJ_2 eine entscheidende Rolle in der Prävention der Entwicklung hochentzündeter instabiler atherosklerotischer Läsionen und beim Abklingen der chronischen Entzündung in diesen zu. Deshalb wurde 15d-PGJ_2 nach der Entdeckung der Bandbreite seiner Wirkungen in Fachkreisen als mögliches Therapeutikum im Kampf gegen Atherosklerose und Folgeerkrankungen intensiv erforscht.

Obwohl wie im obigen Abschnitt erwähnt in einer Reihe von *in vivo*- und *in vitro*-Untersuchungen gezeigt werden konnte, dass 15d-PGJ_2 eine Vielzahl an Genen, welche an der Entstehung des Krankheitsbildes der Atherosklerose beteiligt sind, durch PPARγ-abhängige und -unabhängige Genregulationsmechanismen sowohl inhibiert als auch induziert, ist dessen physiologische und Bedeutung umstritten. Diese Problematik wurde zum ersten Mal von der Arbeitsgruppe um BELL-PARIKH et al. aufgegriffen, welche die Vermutung äußerte, dass die durch Biosynthese erreichten Mengen an 15d-PGJ_2 womöglich unzureichend sind, um eine physiologische Rolle zu spielen (65). Während in Untersuchungen, in denen 15d-PGJ_2 einen Effekt auf die Modulierung der Genexpression in Makrophagen erzielte, Konzentrationen im Mikrogramm-Bereich eingesetzt wurden, konnten in humanen Körperflüssigkeiten im Vergleich zu anderen Prostaglandinen lediglich geringe Mengen an 15d-PGJ_2 im Pikogramm-Bereich gemessen werden. BELL-PARIKH et al. schlossen demzufolge darauf, dass endogen synthetisiertes 15d-PGJ_2 nicht dafür ausreicht, PPARγ zu aktivieren sowie dessen antiinflammatorische Wirkungen auf PPARγ-unabhängige Art und Weise zu erzielen (65). Diese Problematik aufgreifend, führten RAJAKARIAR et al. weitere Messungen durch und konnten in Proben, welche aus einer abklingenden Entzündung des Bauchfells stammten, höhere *in vivo*-Level im Nanogramm-Bereich nachweisen (111). Damit lieferten sie den Beweis, dass 15d-PGJ_2 im Laufe von Entzündungsprozessen am Ort der Inflammation selbst synthetisiert wird sowie antiinflammatorisches Potential besitzt und dass es zusammen mit PGD_2 das Gleichgewicht zwischen pro- und antiinflammatorisch wirkenden Zytokinen kontrolliert. Des Weiteren lieferten sie einen Erklärungsversuch für die relativ geringen detektierten Mengen an 15d-PGJ_2 *in vivo:* Durch die ungesättigte Carbonylgruppe in dessen Cyclopentenon-Ring ist 15d-PGJ_2 dazu in der Lage, an Thiole der Cystein-Reste von Proteinen kovalent zu binden, sowohl intra- als auch extrazellulär. Die gebildeten Konjugate sind durch angewandte Messmethoden nicht erfassbar. Außerdem schließt die relativ geringe Menge an detektierbarem 15d-PGJ_2 in Körperflüssigkeiten dessen intrazelluläres Vorkommen nicht zwingend aus. Demnach stellt die extrazellulär gemessene Konzentration, welche im Piko- und Nanogramm-Bereich liegt, womöglich nur die Spitze des Eisberges dar und die wahre Konzentration an 15d-PGJ_2 in biologischen Systemen muss viel höher angesetzt werden (111).

Um schließlich eine Aussage über die physiologische Bedeutung von 15d-PGJ_2 treffen zu können, ist es notwendig einige Punkte zu beachten. Zum einen ist zu berücksichtigen, dass in *in vitro*-Experimenten oftmals eine höhere Konzentration an untersuchten Stoffen benötigt wird, um Effekte zu erzielen, welche *in vivo* bereits bei geringeren Konzentrationen zu beobachten sind. Außerdem ist es wichtig sowohl intra- als auch extrazelluläre Konzentrationen an 15d-PGJ_2 zu erfassen. Bei der Analyse der intrazellulären Konzentration muss berücksichtigt werden, dass sich 15d-PGJ_2 aufgrund dessen hydrophoben Charakters womöglich bevorzugt in Zellkompartimenten wie Membranen anhäuft. Des Weiteren ist es möglich, dass die Konzentration von 15d-PGJ_2 in biologischen Systemen stark schwankt und diese am Wirkort signifikant höher ist als andernorts. Auf diesen möglichen Sachverhalt deuten die Untersuchungsergebnisse von RAJAKARIAR et al. hin (111). Außerdem kann es aufgrund der hohen Reaktivität von 15d-PGJ_2 zur Bildung verschiedenster Konjugate kommen, welche neben der intra- und extrazellulären Konzentration von freiem 15d-PGJ_2 zur Bestimmung dessen Gesamtkonzentration erfasst werden müssen. Bis dato hat noch keine einzige Studie die Konzentration dieser Konjugate gemessen. Darüber hinaus sind sowohl chemische als auch immunochemische Messmethoden bisher nicht dazu in der Lage die absolute intrazelluläre Konzentration an freiem und konjugiertem 15d-PGJ_2 zu bestimmen (102). Es kann also nicht, wie von BELL-PARIKH et al. anfangs angenommen wurde, aufgrund der geringen Menge an detektierbarem biosynthetisierten 15d-PGJ_2 ausgeschlossen werden, dass dieses eine bedeutende physiologisches Rolle spielt, indem es durch die Modulation der Genexpression in Makrophagen das Abklingen von Entzündungen fördert und auf diese Weise der Progression und Manifestierung der Atherosklerose entgegenwirkt (65, 111).

6 Schlussfolgerungen und Ausblick

Obwohl bis dato die physiologische Relevanz von 15d-PGJ_2 nicht abschließend geklärt werden konnte, ist unumstritten, dass dieses Prostaglandin ein potentielles Therapeutikum gegen Atherosklerose darstellt. Grund dafür ist dessen Fähigkeit in verschiedene Genregulationsmechanismen sowie Signalwege eingreifen zu können und auf diese Weise vielfältige Effekte auf die Genexpression in Makrophagen auszuüben.

Makrophagen spielen bei der Entstehung der manifestierten Atherosklerose eine entscheidende Rolle, da sie zum einen durch die Aufnahme von modifiziertem LDL die Schaumzellbildung fördern und zum anderen eine Reihe von Entzündungsmediatoren sekretieren, welche für die chronische Entzündung in fortgeschrittenen atherosklerotischen Läsionen verantwortlich sind. Sowohl die Inhibierung als auch die Induktion der Expression einer Vielzahl von Genen, welche an der Schaumzellbildung sowie am reversen Cholesterintransport und an der Manifestierung der chronischen Entzündung in atherosklerotischen Läsionen beteiligt sind, sind Teil der Entfaltung des antiatherogenen Potentials von 15d-PGJ_2. Während 15d-PGJ_2 als PPARγ-Ligand vor allem in die Lipidhomöostase von Makrophagen und demzufolge in die Entstehung früher atherosklerotischer Läsionen eingreift, so übt es durch die Störung des NF-κB-Signalweges und der MAPK-Kaskade Einfluss auf die Sekretion von Entzündungsmediatoren durch Makrophagen aus und verlangsamt so die Progression der Atherosklerose.

Aufgrund der Tatsache, dass 15d-PGJ_2 nachgewiesenermaßen nicht nur die Entstehung sondern auch die Progression der Atherosklerose verhindern kann, ist es erstrebenswert Medikamente zu entwickeln, welche die Konzentration an 15d-PGJ_2 sowohl in frühen als auch in fortgeschrittenen atherosklerotischen Läsionen erhöhen. Dieser Effekt kann auf zwei unterschiedliche Art und Weisen erzielt werden:

Der erste Ansatzpunkt zielt auf die Erhöhung der Biosynthese von 15d-PGJ_2 ab. Um Medikamente zu entwickeln, welche diese Wirkung entfalten, muss die endogene Synthese von 15d-PGJ_2 intensiver erforscht werden. Zwar konnten die Arbeitsgruppen um HIRATA et al. und SHIBATA et al. die einzelnen Schritte der Biosynthese von 15d-PGJ_2 aufklären und die an diesem Vorgang beteiligten Enzyme identifizieren, jedoch ist zur Regulierung der endogenen Bildung dieses PGD_2-Metaboliten bis dato wenig bekannt (39, 43). Eine Identifizierung der Moleküle und Signalwege, welche die Biosynthese von 15d-PGJ_2 positiv sowie negativ regulieren, würde eine neue Angriffsfläche für potentielle antiatherogene Medikamente bieten. Durch die Induktion Biosynthese-fördernder Moleküle und Signalwege und die Hemmung limitierender Faktoren könnte die Biosynthese von 15d-PGJ_2 womöglich am gewünschten Wirkort angekurbelt werden, um dort endogene Konzentrationen zu erreichen, welche ähnlich antiatherogene Effekte erzielen wie sie in einer Reihe von *in vivo*- und *in vitro*-Untersuchungen gezeigt werden konnten. Es sind demnach weitere Erkenntnisse auf dem Gebiet der Biosynthese von 15d-PGJ_2 notwendig, um das Wissen über die gesamte Bandbreite an atheroprotektiven Effekten, welche 15d-PGJ_2 ausübt, auch medizinisch nutzen zu können.

Eine weitere denkbare Möglichkeit, über welche – neben der Steigerung der Biosynthese – eine erhöhte Konzentration von 15d-PGJ_2 in atherosklerotischen Läsionen erreicht werden kann, ist die orale Aufnahme von Präparaten, welche 15d-PGJ_2 enthalten. Bei der Entwicklung entsprechender Medikamente kommt es auf die Formulierung an, da deren pharmakologische Wirksamkeit davon abhängig ist, dass am gewünschten Wirkort eine für die Wirkungsentfaltung ausreichende Konzentration des Wirkstoffes ankommt. Außerdem ist es unerlässlich sicherzustellen, dass 15d-PGJ_2 erst am gewünschten Wirkort – also in den atherosklerotischen Läsionen – freigesetzt wird, da es andernorts durch die Erhöhung der Produktion von reaktiven Sauerstoffspezies toxisch wirkt. Die Verteilung von zugeführten 15d-PGJ_2 muss demnach spezifisch erfolgen, sodass es in den atherosklerotischen Läsionen und deren Makrophagen ankommt und dort dessen antiatherogene Wirkungen entfalten kann. Eine unspezifische Verteilung im Körper würde womöglich dazu führen, dass eine hohe Konzentration an 15d-PGJ_2 in andere Organe, Gewebe und Zellen gelangt und dort wichtige Reaktionen der Immunabwehr durch ihr antiinflammatorisches Potential stört. Demnach kann nicht ausgeschlossen werden, dass eine unkontrollierte Verbreitung von zugeführtem 15d-PGJ_2 zu unabsehbaren Schäden führt, weshalb die Entwicklung einer pharmakologischen Formulierung notwendig ist, welche dessen spezifische Verteilung gewährleistet. In dieser Hinsicht vielversprechend sind Formulierungen in sogenannten Nanokapseln, da sie zum einen die pharmakologische Aktivität von Wirkstoffen verlängern und zum anderen deren Toxizität verringern. Bei diesen handelt es sich um Trägersysteme, welche aus einer polymeren Hülle bestehen, die einen Kern umgibt und den Wirkstoff einschließt (112).

Die Arbeitsgruppe um ALVES et al. hat an einer entsprechenden Formulierung von 15d-PGJ_2 in Nanokapseln gearbeitet und dessen Wirkung *in vivo* in einem Mausmodell für Inflammation im Vergleich zu den Effekten der Verabreichung von freiem 15d-PGJ_2 untersucht (113). Es konnte gezeigt werden, dass die Gabe von Nanokapseln im Vergleich zur Verabreichung von freiem 15d-PGJ_2 bei identischer Konzentration an 15d-PGJ_2 die Einwanderung von Immunzellen nach der Injektion von LPS und Carrageen signifikant reduzierte. Dagegen hatte die gleiche Menge an freiem 15d-PGJ_2 keinerlei antiinflammatorische Wirkung. Dieses Ergebnis spiegelt sich auch in den Serumspiegeln von 15d-PGJ_2 nach Gabe der beiden Verabreichungsformen wider. Während selbst Stunden nach der Gabe lediglich kleine Mengen an freiem 15d-PGJ_2 detektierbar waren, wurden auch nach 24 Stunden noch signifikant höhere Mengen an 15d-PGJ_2 von den Nanokapseln ins Serum abgegeben. Dies deutet auf eine kontinuierliche Abgabe von 15d-PGJ_2 durch die Nanokapseln hin, was die ausgeprägte antiinflammatorische Wirkung im Vergleich zu der Wirkung von freiem 15d-PGJ_2 erklärt. Des Weiteren konnte eine geringere Zytotoxizität der Nanokapseln im Vergleich zu freiem 15d-PGJ_2 nachgewiesen werden (113). Obwohl diese Ergebnisse sehr vielversprechend sind, sind noch weitere Erkenntnisse auf diesem Gebiet notwendig, um 15d-PGJ_2 in einer Nanokapsel-Formulierung als wirksames Therapeutikum für Atherosklerose und andere entzündliche Erkrankungen anzuerkennen. Zum einen muss deren antiinflammatorische Wirkung in verschiedenen Tiermodellen für Atherosklerose und letztendlich auch im Menschen nachgewiesen werden. Zum anderen müssen jegliche schädliche Wechselwirkungen in biologischen Systemen ausgeschlossen werden.

Nach heutigem Forschungsstand ist noch nicht abzusehen, ob das vielversprechende Prostaglandin 15d-PGJ_2 tatsächlich als Therapeutikum gegen Atherosklerose im Menschen anwendbar ist. Die Aufklärung der Regulierung dessen Biosynthese und die Entwicklung optimierter Formulierungen stellen attraktive Ziele gegenwärtiger Forschung dar, welche darauf hoffen lassen, diesen Sachverhalt endgültig klären zu können.

7 Zusammenfassung

Die Atherosklerose stellt eine der primären Ursachen für kardiovaskuläre Erkrankungen dar. Bei dem Prozess der Entstehung und der Progression dieses Krankheitsbildes nehmen Makrophagen eine entscheidende Rolle ein. Aus diesem Grund haben es sich Arbeitsgruppen aus aller Welt zur Aufgabe gemacht, die molekularen Mechanismen in Makrophagen, welche zur Etablierung des Krankheitsbildes der Atherosklerose führen, aufzuklären und in diesen potentielle Angriffspunkte für Therapeutika gegen Atherosklerose ausfindig zu machen. Im Zuge solcher Untersuchungen wurde 15d-PGJ_2 als vielversprechender endogener PPARγ-Ligand mit potentieller antiinflammatorischer Wirkung identifiziert und in den Mittelpunkt jahrelanger Forschung gerückt. Ziel dieser Arbeit ist es, anhand einschlägiger Literatur die Effekte, welche 15d-PGJ_2 auf die Genexpression in Makrophagen ausübt, und deren Folgen für das Fortschreiten der Atherosklerose zu analysieren.

In zahlreichen *in vivo*- und *in vitro*-Untersuchungen konnte gezeigt werden, dass 15d-PGJ_2 antiatherogene Effekte erzielt, indem es in Signalwege und Genregulationsmechanismen eingreift und auf diese Weise die Genexpression in Makrophagen moduliert. Durch die Aktivierung von PPARγ induziert 15d-PGJ_2 vorwiegend die Expression von Genen, deren Produkte maßgeblich an der Lipidhomöostase in Makrophagen und Schaumzellen beteiligt sind. So fördert 15d-PGJ_2-aktivierter PPARγ beispielsweise die Expression des Scavenger-Rezeptors CD36 in Makrophagen, was zunächst in einer erhöhten Aufnahme von oxLDL resultiert. Durch anschließende Förderung des reversen Cholesterintransportes schützt PPARγ die Arterienwand vor der Exposition mit großen Mengen an oxLDL und vor ausufernder Schaumzellbildung. Darüber hinaus inhibiert 15d-PGJ_2 durch das Einschreiten in unterschiedliche Signalwege die Expression verschiedener proinflammatorischer Zytokine und Entzündungsmediatoren. Bis dato konnten unter anderem die Inhibierung der Expression von IL-1β, IL-6, IL-12, TNFα, MMP-9, GM-CSF, COX-2, Gewebethromboplastin, iNOS und MCP-1 nachgewiesen werden. Dabei spielt neben der PPARγ-Aktivierung, die Hemmung des NF-κB-Signalweges und der ERK-Kaskade eine Rolle, welche 15d-PGJ_2 durch direkte Inhibierung erwirkt. Vermutlich ist es eine Kombination aus beiden Mechanismen, über welche die Expression von Proteinen mit proinflammatorischem Potential durch 15d-PGJ_2 reguliert wird, wobei die Aktivierung von PPARγ eine untergeordnete Rolle spielt. Als Inhibitor der Expression inflammatorischer Moleküle, welche folglich auch das Krankheitsbild der Atherosklerose beeinflussen, nimmt 15d-PGJ_2 eine wichtige Rolle beim Abklingen von Entzündungen ein. Auf diese Weise wirkt es dem Fortschreiten der Atherogenese entgegen und entfaltet somit antiatherogenes Potenzial. Im Kampf gegen kardiovaskuläre Erkrankungen könnte es daher erstrebenswert sein, eine Konzentrationserhöhung an 15d-PGJ_2 in atherosklerotischen Läsionen zu erreichen. Weitere Kenntnisse auf dem Gebiet der Regulierung der Biosynthese von 15d-PGJ_2 sowie die Entwicklung spezifischer pharmakologischer Formulierungen von 15d-PGJ_2 könnten dazu beitragen solch eine Erhöhung zu erzielen.

8 Summary

Atherosclerosis is the primary cause of cardiovascular diseases that represent the leading cause of death worldwide. Macrophages play a key role in the process of development and progression of atehrosclerosis. For this reason research groups from around the world focused on throwing light on the molecular mechanisms in macrophages leading to the manifestation of this disorder in order to find potential targets for therapeutic intervention in those mechanisms. In the course of those investigations 15d-PGJ$_2$ was identified as a promising natural agonist of PPARγ having anti-inflammatory capability. As a consequence the focus of research has been on 15d-PGJ$_2$ for years. The objective of this thesis is to analyse both the effects of 15d-PGJ$_2$ exerting on the gene expression of macrophages and the consequences of these effects regarding the progress of atherosclerosis.

A series of *in vivo* an *in vitro* studies shows that 15d-PGJ$_2$ exerts antiatherogenic effects through interfering signaling pathways and mechanisms of gene regulation and therefore changing gene expression in macrophages. 15d-PGJ$_2$ primarily induces the expression of genes that are involved in lipid metabolism in macrophages and foam cells by means of activation of PPARγ. For instance, PPARγ promotes the expression of scavenger receptor CD36 after activation resulting in an increased uptake of oxLDL through macrophages. The subsequent promotion of reverse cholesterol transport also triggered by PPARγ protects the arterial wall from both the exposure to high amounts of oxLDL and excessive foam cell formation. Furthermore, 15d-PGJ$_2$ inhibits the expression of several pro-inflammatory cytokines and other inflammatory mediators by means of interrupting various signaling pathways. To date the inhibition of the expression of following molecules was demonstrated: IL-1, IL-6, IL-12, TNFα, MMP-9, GM-CSF, COX-2, tissue factor, iNOS and MCP-1. Besides PPARγ activation, the inhibition of those molecules is achieved by the direct interruption of the NF-κB signaling pathway and the MAPK cascade through 15d-PGJ$_2$. It is likely a combination of both PPARγ activation and the direct inhibition of these signaling pathways through 15d-PGJ$_2$ that regulates the expression of proteins with pro-inflammatory capability even if PPARγ plays a minor role in this case. As an inhibitor of the expression of inflammatory molecules involved in the development of chronic inflammatory diseases such as atherosclerosis, 15d-PGJ$_2$ plays an essential role in the resolution of inflammation. In this manner, it counteracts the progress of atherogenesis and thus unfolds anti-atherogenic capability. Therefore it may be of interest to increase the concentration of 15d-PGJ$_2$ in atherosclerotic lesions in the fight against cardiovascular diseases. Both additional insights into the regulation of the biosynthesis of 15d-PGJ$_2$ and the development of specific pharmakological formulations of 15d-PGJ$_2$ could contribute to achieve such an increase of 15d-PGJ$_2$.

A. Literaturverzeichnis

1. World Health Organization. Cardiovascular diseases. **2015** (12.03.2015); http://www.who.int/mediacentre/factsheets/fs317/en/
2. Ross R, Glomset JA. Atherosclerosis and the arterial smooth muscle cell: proliferation of smooth muscle is a key event in the genesis of the lesions of atherosclerosis. *Science* **1973**; *180(4093)*:1332-1339.
3. Ross R, Glomset J, Harker L. Response to injury and atherogenesis. *American Journal of Pathology* **1977**; *86(3)*:675-684.
4. Esper RJ, Nordaby RA, Vilarino JO, Paragano A, Cacharron JL, Machado RA. Endothelial dysfunction: a comprehensive appraisal. *Cardiovascular Diabetology* **2006**; *5*:4.
5. Favero G, Paganelli C, Buffoli B, Rodella LF, Rezzani R. Endothelium and its alterations in cardiovascular diseases: life style intervention. *BioMed Research International* **2014**; *2014*:801896.
6. Navab M, Berliner JA, Watson AD, Hama SY, Territo MC, Lusis AJ, Shih DM, Van Lenten BJ, Frank JS, Demer LL, Edwards PA, Fogelman AM. The Yin and Yang of oxidation in the development of the fatty streak. A review based on the 1994 George Lyman Duff Memorial Lecture. *Arteriosclerosis, Thrombosis, and Vascular Biology* **1996**; *16(7)*:831-842.
7. Glass CK, Witztum JL. Atherosclerosis. The road ahead. *Cell* **2001**; *104(4)*:503-516.
8. Libby P. Molecular bases of the acute coronary syndromes. *Circulation* **1995**; *91(11)*:2844-2850.
9. Ross R. Atherosclerosis is an inflammatory disease. *American Heart Journal* **1999**; *138(5 Pt 2)*:S419-420.
10. Lee RT, Libby P. The unstable atheroma. *Arteriosclerosis, Thrombosis, and Vascular Biology* **1997**; *17(10)*:1859-1867.
11. Zhao L, Bath PM, May J, Losche W, Heptinstall S. P-selectin, tissue factor and CD40 ligand expression on platelet-leucocyte conjugates in the presence of a GPIIb/IIIa antagonist. *Platelets* **2003**; *14(7-8)*:473-480.
12. Tremoli E, Camera M, Toschi V, Colli S. Tissue factor in atherosclerosis. *Atherosclerosis* **1999**; *144(2)*:273-283.
13. Tabas I. Macrophage death and defective inflammation resolution in atherosclerosis. *Nature Reviews Immunology* **2010**; *10(1)*:36-46.
14. Virmani R, Burke AP, Kolodgie FD, Farb A. Vulnerable plaque: the pathology of unstable coronary lesions. *Journal of Interventional Cardiology* **2002**; *15(6)*:439-446.
15. Li AC, Palinski W. Peroxisome proliferator-activated receptors: how their effects on macrophages can lead to the development of a new drug therapy against atherosclerosis. *Annual Review of Pharmacology and Toxicology* **2006**; *46*:1-39.

16. Ricardo SD, van Goor H, Eddy AA. Macrophage diversity in renal injury and repair. *Journal of Clinical Investigation* **2008**; *118(11)*:3522-3530.

17. Martinez FO, Helming L, Gordon S. Alternative activation of macrophages: an immunologic functional perspective. *Annual Review of Immunology* **2009**; *27*:451-483.

18. McLaren JE, Michael DR, Ashlin TG, Ramji DP. Cytokines, macrophage lipid metabolism and foam cells: implications for cardiovascular disease therapy. *Progress in Lipid Research* **2011**; *50(4)*:331-347.

19. Lusis AJ. Atherosclerosis. *Nature* **2000**; *407(6801)*:233-241.

20. Zernecke A, Bernhagen J, Weber C. Macrophage migration inhibitory factor in cardiovascular disease. *Circulation* **2008**; *117(12)*:1594-1602.

21. Plueddemann A, Neyen C, Gordon S. Macrophage scavenger receptors and host-derived ligands. *Methods* **2007**; *43(3)*:207-217.

22. Tall AR, Yvan-Charvet L, Terasaka N, Pagler T, Wang N. HDL, ABC transporters, and cholesterol efflux: implications for the treatment of atherosclerosis. *Cell Metabolism* **2008**; *7(5)*:365-375.

23. Panousis CG, Zuckerman SH. Regulation of cholesterol distribution in macrophage-derived foam cells by interferon-gamma. *Journal of Lipid Research* **2000**; *41(1)*:75-83.

24. Lei L, Xiong Y, Chen J, Yang JB, Wang Y, Yang XY, Chang CC, Song BL, Chang TY, Li BL. TNF-alpha stimulates the ACAT1 expression in differentiating monocytes to promote the CE-laden cell formation. *Journal of Lipid Research* **2009**; *50(6)*:1057-1067.

25. Li J, Fu Q, Cui H, Qu B, Pan W, Shen N, Bao C. Interferon-alpha priming promotes lipid uptake and macrophage-derived foam cell formation: a novel link between interferon-alpha and atherosclerosis in lupus. *Arthritis & Rheumatism* **2011**; *63(2)*:492-502.

26. Devlin CM, Kuriakose G, Hirsch E, Tabas I. Genetic alterations of IL-1 receptor antagonist in mice affect plasma cholesterol level and foam cell lesion size. *Proceedings of the National Academy of Sciences of the United States of America* **2002**; *99(9)*:6280-6285.

27. Marx N, Sukhova G, Murphy C, Libby P, Plutzky J. Macrophages in human atheroma contain PPARgamma: differentiation-dependent peroxisomal proliferator-activated receptor gamma expression and reduction of MMP-9 activity through PPARgamma activation in mononuclear phagocytes in vitro. *American Journal of Pathology* **1998**; *153(1)*:17-23.

28. Hartman J, Frishman WH. Inflammation and atherosclerosis: a review of the role of interleukin-6 in the development of atherosclerosis and the potential for targeted drug therapy. *Cardiology in Review* **2014**; *22(3)*:147-151.

29. Azuma Y, Shinohara M, Wang PL, Ohura K. 15-Deoxy-delta(12,14)-prostaglandin J(2) inhibits IL-10 and IL-12 production by macrophages. *Biochemical and Biophysical Research Communications* **2001**; *283(2)*:344-346.

30. Mosser DM, Zhang X. Interleukin-10: new perspectives on an old cytokine. *Immunological Reviews* **2008**; *226*:205-218.

31. Libby P, Galis ZS. Cytokines regulate genes involved in atherogenesis. *Annals of the New York Academy of Sciences* **1995**; *748*:158-168.

32. Ginnan R, Guikema BJ, Halligan KE, Singer HA, Jourd'heuil D. Regulation of smooth muscle by inducible nitric oxide synthase and NADPH oxidase in vascular proliferative diseases. *Free Radical Biology & Medicine* **2008**; *44(7)*:1232-1245.

33. Murao K, Imachi H, Momoi A, Sayo Y, Hosokawa H, Sato M, Ishida T, Takahara J. Thiazolidinedione inhibits the production of monocyte chemoattractant protein-1 in cytokine-treated human vascular endothelial cells. *FEBS Letters* **1999**; *454(1-2)*:27-30.

34. Galis ZS, Sukhova GK, Lark MW, Libby P. Increased expression of matrix metalloproteinases and matrix degrading activity in vulnerable regions of human atherosclerotic plaques. *Journal of Clinical Investigation* **1994**; *94(6)*:2493-2503.

35. Fu Y, Luo N, Lopes-Virella MF. Upregulation of interleukin-8 expression by prostaglandin D2 metabolite 15-deoxy-delta(12,14)-prostaglandin J(2) (15d-PGJ2) in human THP-1 macrophages. *Atherosclerosis* **2002**; *160(1)*:11-20.

36. Smith WL. The eicosanoids and their biochemical mechanisms of action. *Biochemical Journal* **1989**; *259(2)*:315-324.

37. Narumiya S, Sugimoto Y, Ushikubi F. Prostanoid receptors: structures, properties, and functions. *Physiological Reviews* **1999**; *79(4)*:1193-1226.

38. Fitzpatrick FA, Wynalda MA. Albumin-catalyzed metabolism of prostaglandin D2. Identification of products formed in vitro. *Journal of Biological Chemistry* **1983**; *258(19)*:11713-11718.

39. Hirata Y, Hayashi H, Ito S, Kikawa Y, Ishibashi M, Sudo M, Miyazaki H, Fukushima M, Narumiya S, Hayaishi O. Occurrence of 9-deoxy-delta 9,delta 12-13,14-dihydroprostaglandin D2 in human urine. *Journal of Biological Chemistry* **1988**; *263(32)*:16619-16625.

40. Murakami M, Kudo I. Phospholipase A2. *Journal of Biochemistry* **2002**; *131(3)*:285-292.

41. Ueno N, Murakami M, Tanioka T, Fujimori K, Tanabe T, Urade Y, Kudo I. Coupling between cyclooxygenase, terminal prostanoid synthase, and phospholipase A2. *Journal of Biological Chemistry* **2001**; *276(37)*:34918-34927.

42. Helliwell RJ, Adams LF, Mitchell MD. Prostaglandin synthases: recent developments and a novel hypothesis. *Prostaglandins, Leukotrienes, and Essential Fatty Acids* **2004**; *70(2)*:101-113.

43. Shibata T, Kondo M, Osawa T, Shibata N, Kobayashi M, Uchida K. 15-Deoxy-delta(12,14)-prostaglandin J(2). A prostaglandin D2 metabolite generated during inflammatory processes. *Journal of Biological Chemistry* **2002**; *277(12)*:10459-10466.

44. Scher JU, Pillinger MH. 15d-PGJ2: the anti-inflammatory prostaglandin? *Clinical Immunology* **2005**; *114(2)*:100-109.

45. Gilroy DW, Colville-Nash PR, Willis D, Chivers J, Paul-Clark MJ, Willoughby DA. Inducible cyclooxygenase may have anti-inflammatory properties. *Nature Medicine* **1999**; *5(6)*:698-701.

46. Shiraki T, Kamiya N, Shiki S, Kodama TS, Kakizuka A, Jingami H. Alpha,beta-unsaturated ketone is a core moiety of natural ligands for covalent binding to peroxisome proliferator-activated receptor gamma. *Journal of Biological Chemistry* **2005**; *280(14)*:14145-14153.

47. Atsmon J, Sweetman BJ, Baertschi SW, Harris TM, Roberts LJ, 2nd. Formation of thiol conjugates of 9-deoxy-delta 9,delta 12(E)-prostaglandin D2 and delta 12(E)-prostaglandin D2. *Biochemistry* **1990**; *29(15)*:3760-3765.

48. Atsmon J, Freeman ML, Meredith MJ, Sweetman BJ, Roberts LJ, 2nd. Conjugation of 9-deoxy-delta 9,delta 12(E)-prostaglandin D2 with intracellular glutathione and enhancement of its antiproliferative activity by glutathione depletion. *Cancer Research* **1990**; *50(6)*:1879-1885.

49. Monneret G, Li H, Vasilescu J, Rokach J, Powell WS. 15-Deoxy-delta(12,14)-prostaglandins D(2) and J(2) are potent activators of human eosinophils. *Journal of Immunology* **2002**; *168(7)*:3563-3569.

50. Wright DH, Metters KM, Abramovitz M, Ford-Hutchinson AW. Characterization of the recombinant human prostanoid DP receptor and identification of L-644,698, a novel selective DP agonist. *British Journal of Pharmacology* **1998**; *123(7)*:1317-1324.

51. Kliewer SA, Lenhard JM, Willson TM, Patel I, Morris DC, Lehmann JM. A prostaglandin J(2) metabolite binds peroxisome proliferator-activated receptor gamma and promotes adipocyte differentiation. *Cell* **1995**; *83(5)*:813-819.

52. Forman BM, Tontonoz P, Chen J, Brun RP, Spiegelman BM, Evans RM. 15-Deoxy-delta(12, 14)-prostaglandin J(2) is a ligand for the adipocyte determination factor PPARgamma. *Cell* **1995**; *83(5)*:803-812.

53. Zhang X, Wang JM, Gong WH, Mukaida N, Young HA. Differential regulation of chemokine gene expression by 15-deoxy-delta(12,14) prostaglandin J(2). *Journal of Immunology* **2001**; *166(12)*:7104-7111.

54. Tontonoz P, Nagy L, Alvarez JG, Thomazy VA, Evans RM. PPARgamma promotes monocyte/macrophage differentiation and uptake of oxidized LDL. *Cell* **1998**; *93(2)*:241-252.

55. Tanaka T, Fukunaga Y, Itoh H, Doi K, Yamashita J, Chun TH, Inoue M, Masatsugu K, Saito T, Sawada N, Sakaguchi S, Arai H, Nakao K. Therapeutic potential of thiazolidinediones in activation of peroxisome proliferator-activated receptor gamma for monocyte recruitment and endothelial regeneration. *European Journal of Pharmacology* **2005**; *508(1-3)*:255-265.

56. Ricote M, Li AC, Willson TM, Kelly CJ, Glass CK. The peroxisome proliferator-activated receptor gamma is a negative regulator of macrophage activation. *Nature* **1998**; *391(6662)*:79-82.

57. Moore KJ, Rosen ED, Fitzgerald ML, Randow F, Andersson LP, Altshuler D, Milstone DS, Mortensen RM, Spiegelman BM, Freeman MW. The role of PPAR-gamma in macrophage differentiation and cholesterol uptake. *Nature Medicine* **2001**; *7(1)*:41-47.

58. Jiang C, Ting AT, Seed B. PPAR-gamma agonists inhibit production of monocyte inflammatory cytokines. *Nature* **1998**; *391(6662)*:82-86.

59. Clark RB. The role of PPARs in inflammation and immunity. *Journal of Leukocyte Biology* **2002**; *71(3)*:388-400.

60. Chinetti G, Lestavel S, Bocher V, Remaley AT, Neve B, Torra IP, Teissier E, Minnich A, Jaye M, Duverger N, Brewer HB, Fruchart JC, Clavey V, Staels B. PPAR-alpha and PPAR-gamma activators induce cholesterol removal from human macrophage foam cells through stimulation of the ABCA1 pathway. *Nature Medicine* **2001**; *7(1)*:53-58.

61. Chawla A, Boisvert WA, Lee CH, Laffitte BA, Barak Y, Joseph SB, Liao D, Nagy L, Edwards PA, Curtiss LK, Evans RM, Tontonoz P. A PPAR-gamma-LXR-ABCA1 pathway in macrophages is involved in cholesterol efflux and atherogenesis. *Molecular cell* **2001**; *7(1)*:161-171.

62. Chawla A, Barak Y, Nagy L, Liao D, Tontonoz P, Evans RM. PPAR-gamma dependent and independent effects on macrophage-gene expression in lipid metabolism and inflammation. *Nature Medicine* **2001**; *7(1)*:48-52.

63. Babaev VR, Yancey PG, Ryzhov SV, Kon V, Breyer MD, Magnuson MA, Fazio S, Linton MF. Conditional knockout of macrophage PPAR gamma increases atherosclerosis in C57BL/6 and low-density lipoprotein receptor-deficient mice. *Arteriosclerosis Thrombosis and Vascular Biology* **2005**; *25(8)*:1647-1653.

64. Nagy L, Tontonoz P, Alvarez JG, Chen H, Evans RM. Oxidized LDL regulates macrophage gene expression through ligand activation of PPARgamma. *Cell* **1998**; *93(2)*:229-240.

65. Bell-Parikh LC, Ide T, Lawson JA, McNamara P, Reilly M, FitzGerald GA. Biosynthesis of 15-deoxy-delta(12,14)-PGJ(2) and the ligation of PPARgamma. *Journal of Clinical Investigation* **2003**; *112(6)*:945-955.

66. Zingarelli B, Sheehan M, Hake PW, O'Connor M, Denenberg A, Cook JA. Peroxisome proliferator activator receptor-gamma ligands, 15-deoxy-Delta(12,14)-prostaglandin J(2) and ciglitazone, reduce systemic inflammation in polymicrobial sepsis by modulation of signal transduction pathways. *Journal of Immunology* **2003**; *171(12)*:6827-6837.

67. Lehrke M, Lazar MA. The many faces of PPARgamma. *Cell* **2005**; *123(6)*:993-999.

68. Valledor AF, Ricote M. Nuclear receptor signaling in macrophages. *Biochemical Pharmacology* **2004**; *67(2)*:201-212.

69. Chawla A, Repa JJ, Evans RM, Mangelsdorf DJ. Nuclear receptors and lipid physiology: opening the X-files. *Science* **2001**; *294(5548)*:1866-1870.

70. McKenna NJ, O'Malley BW. Combinatorial control of gene expression by nuclear receptors and coregulators. *Cell* **2002**; *108(4)*:465-474.

71. Guyton K, Zingarelli B, Ashton S, Teti G, Tempel G, Reilly C, Gilkeson G, Halushka P, Cook J. Peroxisome proliferator-activated receptor-gamma agonists modulate macrophage activation by gram-negative and gram-positive bacterial stimuli. *Shock* **2003**; *20(1)*:56-62.

72. Zingarelli B, Cook JA. Peroxisome proliferator-activated receptor-gamma is a new therapeutic target in sepsis and inflammation. *Shock* **2005**; *23(5)*:393-399.

73. Sarraf P, Mueller E, Jones D, King FJ, DeAngelo DJ, Partridge JB, Holden SA, Chen LB, Singer S, Fletcher C, Spiegelman BM. Differentiation and reversal of malignant changes in colon cancer through PPARgamma. *Nature Medicine* **1998**; *4(9)*:1046-1052.

74. Marx N, Bourcier T, Sukhova GK, Libby P, Plutzky J. PPARgamma activation in human endothelial cells increases plasminogen activator inhibitor type-1 expression: PPARgamma as a potential mediator in vascular disease. *Arteriosclerosis Thrombosis and Vascular Biology* **1999**; *19(3)*:546-551.

75. Huang JT, Welch JS, Ricote M, Binder CJ, Willson TM, Kelly C, Witztum JL, Funk CD, Conrad D, Glass CK. Interleukin-4-dependent production of PPAR-gamma ligands in macrophages by 12/15-lipoxygenase. *Nature* **1999**; *400(6742)*:378-382.

76. Sueyoshi S, Mitsumata M, Kusumi Y, Niihashi M, Esumi M, Yamada T, Sakurai I. Increased expression of peroxisome proliferator-activated receptor (PPAR)-alpha and PPAR-gamma in human atherosclerosis. *Pathology - Research and Practice* **2010**; *206(7)*:429-438.

77. Ricote M, Huang J, Fajas L, Li A, Welch J, Najib J, Witztum JL, Auwerx J, Palinski W, Glass CK. Expression of the peroxisome proliferator-activated receptor gamma (PPARgamma) in human atherosclerosis and regulation in macrophages by colony stimulating factors and oxidized low density lipoprotein. *Proceedings of the National Academy of Sciences of the United States of America* **1998**; *95(13)*:7614-7619.

78. Shiraki T, Kodama TS, Shiki S, Nakagawa T, Jingami H. Spectroscopic analyses of the binding kinetics of 15d-PGJ(2) to the PPARgamma ligand-binding domain by multi-wavelength global fitting. *Biochemical Journal* **2006**; *393(Pt 3)*:749-755.

79. Waku T, Shiraki T, Oyama T, Fujimoto Y, Maebara K, Kamiya N, Jingami H, Morikawa K. Structural insight into PPARgamma activation through covalent modification with endogenous fatty acids. *Journal of Molecular Biology* **2009**; *385(1)*:188-199.

80. Waku T, Shiraki T, Oyama T, Morikawa K. Atomic structure of mutant PPARgamma LBD complexed with 15d-PGJ(2): novel modulation mechanism of PPARgamma/RXRalpha function by covalently bound ligands. *FEBS Letters* **2009**; *583(2)*:320-324.

81. Kliewer SA, Umesono K, Noonan DJ, Heyman RA, Evans RM. Convergence of 9-cis retinoic acid and peroxisome proliferator signalling pathways through heterodimer formation of their receptors. *Nature* **1992**; *358(6389)*:771-774.

82. Nolte RT, Wisely GB, Westin S, Cobb JE, Lambert MH, Kurokawa R, Rosenfeld MG, Willson TM, Glass CK, Milburn MV. Ligand binding and co-activator assembly of the peroxisome proliferator-activated receptor-gamma. *Nature* **1998**; *395(6698)*:137-143.

83. Palmer CN, Hsu MH, Griffin HJ, Johnson EF. Novel sequence determinants in peroxisome proliferator signaling. *Journal of Biological Chemistry* **1995**; *270(27)*:16114-16121.

84. Glass CK, Rosenfeld MG. The coregulator exchange in transcriptional functions of nuclear receptors. *Genes & Development* **2000**; *14(2)*:121-141.

85. Perissi V, Aggarwal A, Glass CK, Rose DW, Rosenfeld MG. A corepressor/coactivator exchange complex required for transcriptional activation by nuclear receptors and other regulated transcription factors. *Cell* **2004**; *116(4)*:511-526.

86. Rosenfeld MG, Glass CK. Coregulator codes of transcriptional regulation by nuclear receptors. *Journal of Biological Chemistry* **2001**; *276(40)*:36865-36868.

87. Li M, Pascual G, Glass CK. Peroxisome proliferator-activated receptor gamma-dependent repression of the inducible nitric oxide synthase gene. *Molecular and Cellular Biology* **2000**; *20(13)*:4699-4707.

88. Yang XY, Wang LH, Chen T, Hodge DR, Resau JH, DaSilva L, Farrar WL. Activation of human T lymphocytes is inhibited by peroxisome proliferator-activated receptor gamma (PPARgamma) agonists. PPARgamma co-association with transcription factor NFAT. *Journal of Biological Chemistry* **2000**; *275(7)*:4541-4544.

89. Chung SW, Kang BY, Kim SH, Pak YK, Cho D, Trinchieri G, Kim TS. Oxidized low density lipoprotein inhibits interleukin-12 production in lipopolysaccharide-activated mouse macrophages via direct interactions between peroxisome proliferator-activated receptor-gamma and nuclear factor-kappa B. *Journal of Biological Chemistry* **2000**; *275(42)*:32681-32687.

90. Desreumaux P, Dubuquoy L, Nutten S, Peuchmaur M, Englaro W, Schoonjans K, Derijard B, Desvergne B, Wahli W, Chambon P, Leibowitz MD, Colombel JF, Auwerx J. Attenuation of colon inflammation through activators of the retinoid X receptor (RXR)/peroxisome proliferator-activated receptor gamma (PPARgamma) heterodimer. A basis for new therapeutic strategies. *Journal of Experimental Medicine* **2001**; *193(7)*:827-838.

91. Kliewer SA, Forman BM, Blumberg B, Ong ES, Borgmeyer U, Mangelsdorf DJ, Umesono K, Evans RM. Differential expression and activation of a family of murine peroxisome proliferator-activated receptors. *Proceedings of the National Academy of Sciences of the United States of America* **1994**; *91(15)*:7355-7359.

92. Spiegelman BM. PPARgamma in monocytes: less pain, any gain? *Cell* **1998**; *93(2)*:153-155.

93. Seno T, Hamaguchi M, Ashihara E, Kohno M, Ishino H, Yamamoto A, Kadoya M, Nakamura K, Murakami K, Matoba S, Maekawa T, Kawahito Y. 15-Deoxy-delta(12,14)-prostaglandin J(2) reduces the formation of atherosclerotic lesions in apolipoprotein E knockout mice. *PLoS ONE* **2011**; *6(10)*:e25541.

94. Guyton K, Bond R, Reilly C, Gilkeson G, Halushka P, Cook J. Differential effects of 15-deoxy-delta(12,14)-prostaglandin J(2) and a peroxisome proliferator-activated receptor gamma agonist on macrophage activation. *Journal of Leukocyte Biology* **2001**; *69(4)*:631-638.

95. Hinz B, Brune K, Pahl A. 15-Deoxy-delta(12,14)-prostaglandin J(2) inhibits the expression of proinflammatory genes in human blood monocytes via a PPAR-gamma-independent mechanism. *Biochemical and Biophysical Research Communications* **2003**; *302(2)*:415-420.

96. Thieringer R, Fenyk-Melody JE, Le Grand CB, Shelton BA, Detmers PA, Somers EP, Carbin L, Moller DE, Wright SD, Berger J. Activation of peroxisome proliferator-

activated receptor gamma does not inhibit IL-6 or TNF-alpha responses of macrophages to lipopolysaccharide in vitro or in vivo. *Journal of Immunology* **2000**; *164(2)*:1046-1054.

97. Liu X, Yu H, Yang L, Li C, Li L. 15-Deoxy-delta(12,14)-prostaglandin J(2) attenuates the biological activities of monocyte/macrophage cell lines. *European Journal of Cell Biology* **2012**; *91(8)*:654-661.

98. Straus DS, Pascual G, Li M, Welch JS, Ricote M, Hsiang CH, Sengchanthalangsy LL, Ghosh G, Glass CK. 15-Deoxy-delta(12,14-)prostaglandin J(2) inhibits multiple steps in the NF-kappa B signaling pathway. *Proceedings of the National Academy of Sciences of the United States of America* **2000**; *97(9)*:4844-4849.

99. Santoro MG. Antiviral activity of cyclopentenone prostanoids. *Trends in Microbiology* **1997**; *5(7)*:276-281.

100. Rossi A, Kapahi P, Natoli G, Takahashi T, Chen Y, Karin M, Santoro MG. Anti-inflammatory cyclopentenone prostaglandins are direct inhibitors of IkappaB kinase. *Nature* **2000**; *403(6765)*:103-108.

101. Cernuda-Morollon E, Pineda-Molina E, Canada FJ, Perez-Sala D. 15-Deoxy-delta(12,14)-prostaglandin J(2) inhibition of NF-kappaB-DNA binding through covalent modification of the p50 subunit. *Journal of Biological Chemistry* **2001**; *276(38)*:35530-35536.

102. Uchida K, Shibata T. 15-Deoxy-delta(12,14)-prostaglandin J(2): an electrophilic trigger of cellular responses. *Chemical Research in Toxicology* **2008**; *21(1)*:138-144.

103. Ghosh S, May MJ, Kopp EB. NF-kappa B and Rel proteins: evolutionarily conserved mediators of immune responses. *Annual Review of Immunology* **1998**; *16*:225-260.

104. Zhong H, May MJ, Jimi E, Ghosh S. The phosphorylation status of nuclear NF-kappa B determines its association with CBP/p300 or HDAC-1. *Molecular Cell* **2002**; *9(3)*:625-636.

105. Ghosh S, Karin M. Missing pieces in the NF-kappaB puzzle. *Cell* **2002**; *109 Suppl*:S81-96.

106. Shaul YD, Seger R. The MEK/ERK cascade: from signaling specificity to diverse functions. *Biochimica et Biophysica Acta* **2007**; *1773(8)*:1213-1226.

107. Johnson GL, Lapadat R. Mitogen-activated protein kinase pathways mediated by ERK, JNK, and p38 protein kinases. *Science* **2002**; *298(5600)*:1911-1912.

108. Kim JY, Kim WJ, Kim H, Suk K, Lee WH. The stimulation of CD147 induces MMP-9 expression through ERK and NF-kappaB in macrophages: implication for atherosclerosis. *Immune Network* **2009**; *9(3)*:90-97.

109. Eligini S, Banfi C, Brambilla M, Camera M, Barbieri SS, Poma F, Tremoli E, Colli S. 15-Deoxy-delta(12,14)-prostaglandin J(2) inhibits tissue factor expression in human macrophages and endothelial cells: evidence for ERK1/2 signaling pathway blockade. *Thrombosis and Haemostasis* **2002**; *88(3)*:524-532.

110. Kaplan J, Cook JA, O'Connor M, Zingarelli B. Peroxisome proliferator-activated receptor gamma is required for the inhibitory effect of ciglitazone but not 15-deoxy-

delta(12,14)-prostaglandin J(2) on the NFkappaB pathway in human endothelial cells. *Shock* **2007**; *28(6)*:722-726.

111. Rajakariar R, Hilliard M, Lawrence T, Trivedi S, Colville-Nash P, Bellingan G, Fitzgerald D, Yaqoob MM, Gilroy DW. Hematopoietic prostaglandin D2 synthase controls the onset and resolution of acute inflammation through PGD(2) and 15-deoxy-delta(12 14)-PGJ(2). *Proceedings of the National Academy of Sciences of the United States of America* **2007**; *104(52)*:20979-20984.

112. Fessi H, Puisieux F, Devissaguet JP, Ammoury N, Benita S. Nanocapsule formation by interfacial polymer deposition following solvent displacement. *International Journal of Pharmaceutics* **1989**; *55(1)*:R1-R4.

113. Alves C, de Melo N, Fraceto L, de Araujo D, Napimoga M. Effects of 15d-PGJ(2)-loaded poly(D,L-lactide-co-glycolide) nanocapsules on inflammation. *British Journal of Pharmacology* **2011**; *162(3)*:623-632.

B. Danksagung

An dieser Stelle möchte ich mich bei allen bedanken, die diese Bachelorarbeit durch ihre fachliche und persönliche Unterstützung begleitet und zu ihrem Gelingen beigetragen haben.

Zunächst möchte ich mich ganz herzlich bei Herrn Prof. Dr. Stefan Lorkowski bedanken für die Themenstellung, die Übernahme der umfangreichen Erstbetreuung und die Begutachtung meiner Bachelorarbeit. Für die hilfreichen Anregungen und Ratschläge bin ich sehr dankbar.

Zudem gilt mein Dank auch Frau Dr. Christine Dawczynski, die mir als Zweitkorrektorin unterstützend zur Seite stand.

Mein besonderer Dank gilt Karl Vogel und Veronika Rathey, welche viel Zeit in die Korrektur meiner Arbeit investiert haben.

Nicht zuletzt möchte ich mich auch bei meinen Freunden für die liebevolle Unterstützung während der nicht immer leichten Zeit der Anfertigung meiner Bachelorarbeit bedanken.

Ein ganz besonderes Dankeschön gilt außerdem meiner Mutter, die mir dieses Studium ermöglicht hat und auf deren Unterstützung ich immer zählen kann und konnte.